科技创新与美丽中国：西部生态屏障建设

国家科学思想库
决策咨询系列

科技支撑中国西部生态屏障建设的战略思考

中国科学院

科学出版社

北京

内 容 简 介

本书面向美丽中国建设的战略目标，把我国西部地区作为一个整体进行系统研究，认识西部生态屏障的内涵特征，把握其建设进展和面临挑战，从科技促进发展和促进科技发展的一体化视角，分析了科技对西部生态屏障建设的支撑性、引领性作用，提出西部生态屏障建设必须坚持系统观念、遵循发展规律。在系统分析西部生态屏障建设重点区域和重点领域对科技发展需求的基础上，提出了支撑西部生态屏障建设的科技战略体系布局，立足当前、着眼未来，体系化凝练出支撑我国西部生态屏障建设全局的战略性、关键性、基础性三个层次重大科技任务，并提出了科技支撑西部生态屏障建设的系统政策建议。

本书可作为科技工作者、高校师生、政府管理者、社会公众更好了解科技对西部生态屏障建设支撑作用的重要参考，亦可供国内外专家、学者研究和参考。

审图号：京审字（2024）G 第 2224 号

图书在版编目（CIP）数据

科技支撑中国西部生态屏障建设的战略思考 / 中国科学院编. — 北京：科学出版社，2024. 11. — （科技创新与美丽中国 ：西部生态屏障建设）. — ISBN 978-7-03-080058-9

Ⅰ. X321.2

中国国家版本馆 CIP 数据核字第 20242XT883 号

丛书策划：侯俊琳　朱萍萍
责任编辑：朱萍萍　刘巧巧 / 责任校对：韩　杨
责任印制：师艳茹 / 封面设计：有道文化
内文设计：北京美光设计制版有限公司

科学出版社 出版
北京东黄城根北街16号
邮政编码：100717
http://www.sciencep.com
北京中科印刷有限公司印刷
科学出版社发行　各地新华书店经销

*

2024年11月第 一 版　开本：787×1092　1/16
2024年11月第一次印刷　印张：17
字数：219 000

定价：168.00元
（如有印装质量问题，我社负责调换）

"科技创新与美丽中国：西部生态屏障建设"战略研究团队

总负责

侯建国

战略总体组

常　进　高鸿钧　姚檀栋　潘教峰　王笃金　安芷生
崔　鹏　方精云　于贵瑞　傅伯杰　王会军　魏辅文
江桂斌　夏　军　肖文交

总报告起草组

潘教峰　张　凤　赵　璐　沈　华　朱永彬　李书舒
王　亮　彭文佳

参加研究的主要专家

安宝晟	安芷生	白晓永	白永飞	毕俊怀	布 多	蔡 磊
车 静	陈 槐	陈 杰	陈 曦	陈海山	陈活泼	陈仁升
陈生云	陈世龙	陈世苹	陈亚宁	陈毅峰	崔 鹏	崔建升
旦 增	邓 蕾	邓 涛	邓 伟	邓洪平	丁 虎	丁明虎
丁永建	杜德斌	段明铿	段青云	段元文	樊 杰	范 怡
方 兰	方创琳	方精云	冯 刚	冯 起	冯晓明	冯新斌
傅伯杰	傅建捷	高 鑫	高清竹	高永恒	葛全胜	葛永刚
巩宗强	关大博	郭东林	郭东龙	韩国栋	郝广友	郝青振
何 海	贺秀斌	洪 冰	洪志生	胡金明	胡铁松	胡义波
黄 磊	黄宝荣	黄河清	黄晓荣	贾根锁	贾汉忠	贾绍凤
江桂斌	姜 彤	姜大膀	蒋德明	蒋学龙	焦 阳	金 毅
金 钊	金炜昕	金章东	居 辉	康绍忠	康世昌	雷加强
李 力	李 嵘	李 晟	李 新	李 稚	李保国	李春旺
李国辉	李茂善	李庆祥	李胜功	李小雁	李新荣	李玉霖
李占斌	李忠虎	梁 勇	梁存柱	梁尔源	刘 琛	刘 竹
刘宝元	刘丛强	刘国彬	刘国华	刘鸿雁	刘俊国	刘玲莉
刘廷玺	刘晓东	刘晓明	刘彦随	刘志民	卢 琦	卢 涛
卢宏玮	鲁旭阳	吕厚远	吕一河	罗 勇	马 飞	马洁华
马金珠	马克明	马克平	马丽娟	马伟强	马耀明	穆桂金
穆兴明	倪晋仁	欧阳志云	潘开文	潘庆民	庞忠和	彭建兵

朴世龙　　钱依甜　　强小科　　乔格侠　　任宏晶　　桑　苗　　上官周平

邵明安　　申小莉　　申彦波　　施　鹏　　施　文　　石正国　　税玉民

宋进喜　　宋立宁　　苏艳军　　孙　庚　　孙　航　　孙建奇　　孙善磊

谭运洪　　谭周亮　　汤秋鸿　　拓万全　　万辛如　　汪　涛　　王　飞

王　涛　　王安志　　王德利　　王定勇　　王根绪　　王国梁　　王会军

王慧琴　　王敬富　　王开峰　　王凯博　　王克林　　王宁练　　王朋岭

王全九　　王世金　　王伟财　　王文科　　王小丹　　王绪高　　王亚韡

王艳芬　　王焰新　　王玉金　　王玉宽　　王云强　　王正文　　王忠静

魏　敏　　魏　钰　　魏辅文　　魏鑫丽　　邬光剑　　吴　波　　吴　宁

吴海斌　　吴乃琴　　吴绍洪　　吴通华　　吴志军　　夏　军　　肖培青

肖文交　　星耀武　　徐柏青　　徐卫华　　徐希燕　　闫宇平　　杨　阳

杨大文　　杨莲梅　　杨瑞强　　杨石岭　　杨晓光　　杨永平　　杨元合

杨祝良　　要茂盛　　姚俊强　　姚檀栋　　姚文艺　　尹志聪　　于贵瑞

于静洁　　余钟波　　俞　森　　袁　星　　袁海生　　苑春刚　　岳跃民

张　斌　　张　华　　张　杰　　张　通　　张　炜　　张丛林　　张发起

张教林　　张萍萍　　张强英　　张瑞波　　张涛涛　　张同作　　张扬建

张永强　　张永香　　张元明　　张元勋　　张知彬　　赵　锦　　赵长明

赵利蔺　　赵文智　　赵昕奕　　赵新全　　赵学勇　　赵永成　　郑　华

郑　晓　　郑大玮　　仲　雷　　周波涛　　周华坤　　周卫健　　朱　波

朱　江　　朱建国　　朱教君　　朱永官　　祝凌燕　　庄会富　　左其亭

咨询专家

工作组

总　序

　　"生态兴则文明兴，生态衰则文明衰。"党的十八大以来，以习近平同志为核心的党中央把生态文明建设纳入"五位一体"总体布局和"四个全面"战略布局，放在治国理政的重要战略地位。构建生态屏障是推进生态文明建设的重要内容。习近平总书记在全国生态环境保护大会、内蒙古考察、四川考察、新疆考察、青海考察等多个场合，都突出强调生态环境保护的重要性，提出筑牢我国重要生态屏障的指示要求。西部地区生态环境相对脆弱，保护好西部地区生态，建设好西部生态屏障，对于进一步推动西部大开发形成新格局、建设美丽中国及中华民族可持续发展和长治久安具有不可估量的战略意义。科技创新是高质量保护和高质量发展的重要支撑。当前和今后一个时期，提升科技支撑能力、充分发挥科技支撑作用，成为我国生态文明建设和西部生态屏障建设的重中之重。

　　中国科学院作为中国自然科学最高学术机构、科学技术最高咨询机构、自然科学与高技术综合研究发展中心，服务国家战略需求和经济社会发展，始终围绕现代化建设需要开展科学研究。自建院以来，中国科学院针对我国不同地理单元和突出生态环境问题，在地球与资源生态环境相关科技领域，以及在西部脆弱生态区域，作了前瞻谋划与系统布局，形成了较为完备的学科体系、较为先进的观测平台与网络体系、较为精干的专业人才队伍、较为扎实的研究积累。中国科学院党组深刻认识到，我国西部地区在国家发展全局中具有特殊重要的地位，既是生态屏障，又是战略后方，也是开放前沿。西部生态屏障建设是一项长期性、系统性、战略性的生态工程，涉及生态、环境、科技、经济、社会、安全等多区域、多部门、多维度的复杂而现实的问题，影响广泛而深远，需要把西部地区作为一个整体进行系统研究，从战略和全局上认识其发展演化特点规律，把握其禀赋特征及发展趋势，为贯彻新发展理念、构建新发展格局、推进美丽中国建设提供科学依据。这也是中国科学院对照习近平总书记对中国科学院提出的"四个率先"和"两加快一努力"目标要求，履行国家战略科技力量职责使命，主动作为于 2021 年 6 月开始谋划、9 月正式启动"科技支撑中国西部生态屏障建设战略研究"重大咨询项目的出发点。

重大咨询项目由中国科学院院长侯建国院士总负责，依托中国科学院科技战略咨询研究院（简称战略咨询院）专业化智库研究团队，坚持系统观念，大力推进研究模式和机制创新，集聚了中国科学院院内外 60 余家科研机构、高等院校的近

400 位院士专家，有组织开展大规模合力攻关，充分利用西部生态环境领域的长期研究积累，从战略和全局上把握西部生态屏障的内涵特征和整体情况，理清科技需求，凝练科技任务，提出系统解决方案。这是一项大规模、系统性的智库问题研究。研究工作持续了三年，主要经过了谋划启动、组织推进、凝练提升、成果释放四个阶段。

在谋划启动阶段（2021 年 6～9 月），顶层设计制定研究方案，组建研究团队，形成"总体组、综合组、区域专题组、领域专题组"总分结合的研究组织结构。总体组在侯建国院长的带领下，由中国科学院分管院领导、学部工作局领导和综合组组长、各专题组组长共同组成，负责项目研究思路确定和研究成果指导。综合组主要由有关专家、战略咨询院专业团队、各专题组联络员共同组成，负责起草项目研究方案、综合集成研究和整体组织协调。各专题组由院士专家牵头，研究骨干涵盖了相关区域和领域研究中的重要方向。在区域维度，依据我国西部生态屏障地理空间格局及《全国重要生态系统保护和修复重大工程总体规划（2021—2035 年）》等，以青藏高原、黄土高原、云贵川渝、蒙古高原、北方防沙治沙带、新疆为六个重点区域专题。在领域维度，立足我国西部生态屏障建设及经济、社会、生态协调发展涉及的主要科技领域，以生态系统保护修复、气候变化应对、生物多样性保护、环境污染防治、水资源利用为五个重点领域专题。2021 年 9 月 16 日，重大咨询项目启动会召开，来自院内外近 60 家科研机构和高等院校的

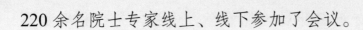

220 余名院士专家线上、线下参加了会议。

在组织推进阶段（2021 年 9 月～2022 年 9 月），以总体研究牵引专题研究，专题研究各有侧重、共同支撑总体研究，综合组和专题组形成总体及区域、领域专题研究报告初稿。总体研究报告主要聚焦科技支撑中国西部生态屏障建设的战略形势、战略体系、重大任务和政策保障四个方面，开展综合研究。区域专题研究报告聚焦重点生态屏障区，从本区域的生态环境、地理地貌、经济社会发展等自身特点和变化趋势出发，主要研判科技支撑本区域生态屏障建设的需求与任务，侧重影响分析。领域专题研究报告聚焦西部生态屏障建设的重点科技领域，立足全球科技发展前沿态势，重点围绕"领域—方向—问题"的研究脉络开展科学研判，侧重机理分析。在总体及区域、领域专题研究中，围绕"怎么做"，面向国家战略需求，立足区域特点、科技前沿和现有基础，研判提出科技支撑中国西部生态屏障建设的战略性、关键性、基础性三层次重大任务。其间，重大咨询项目多次组织召开进展交流会，围绕总体及区域、领域专题研究报告，以及需要交叉融合研究的关键方面，开展集中研讨。

在凝练提升阶段（2022 年 10 月～2024 年 1 月），持续完善总体及区域、领域专题研究报告，围绕西部生态屏障的内涵特征、整体情况、科技支撑作用等深入研讨，形成决策咨询总体研究报告精简稿。重大咨询项目形成"1+11+N"的研究成果体系，即坚持系统观念，以学术研究为基础，以决策咨询为目标，形成 1 份总体研究报告；围绕 6 个区域、5 个领域专题研究，形成 11 份专题研究报告，作为总体研究报告的附件，既分别自成体系，又系统支撑总体研究；面向服务决策咨询，形成 N 份专报或政策建议。2023 年 9 月，中国科学院和国务院研究室共同商议后，确定以"科技支撑中国西部生态屏障建设"作为中国科学院与国务院研究室共同举办的第九期"科学家月谈会"主题。之后，综合组多次组织各专题组召开研讨会，重点围绕总体研究报告要点，西部生态屏障的内涵特征和整体情况，战略性、关键性、基础性三层次重大科技任务等深入研讨，为凝练提升总体研究报告和系列专报、筹备召开"科学家月谈会"释放研究成果做准备。

在成果释放阶段（2024 年 2～4 月），筹备组织召开"科学家月谈会"，会前议稿、会上发言、会后汇稿相结合，系统凝练关于科技支撑西部生态屏障建设的重要认识、重要判断和重要建议，形成有价值的决策咨询建议。综合组及各专题组多轮研讨沟通，确定会上系列发言主题和具体内容。2024 年 4 月 8 日，综合组组织召开"科技支撑中国西部生态屏障建设"议稿会，各专题组代表参会，邀请有关政策专家到会指导，共同讨论凝练核心观点和亮点。4 月 16 日上午，第九期"科学家月谈会"召开，侯建国院长和国务院研究室黄守宏主任共同主持，12 位院士专家参加座谈，国务院研究室 15 位同志参会。会议结束后，侯建国院长部署和领导综合组集中研究，系统凝练关于科技支撑西部生态屏障建设的重要认识、重要判断和重要建议，并指导各专题组协同联动凝练专题研究报告摘要，形成总体研究报告摘要、11份专题研究报告摘要对上报送，在强化西部生态屏障建设的科技支撑上发挥了积极作用。

经过三年的系统性组织和研究，中国科学院重大咨询项目"科技支撑中国西部生态屏障建设战略研究"完成了总体研究和6个重点区域、5个重点领域专题研究，形成了一系列对上报送成果，服务国家宏观决策。时任国务院研究室主任黄守宏表示，"科技支撑中国西部生态屏障建设战略研究"系列成果为国家制定相关政策和发展战略提供了重要依据，并指出这一重大咨询项目研究的组织模式，是新时期按照新型举国体制要求，围绕一个重大问题，科学统筹优势研究力量，组织大兵团作战，集体攻关、合力攻关，是新型举国体制一个重要的也很成功的探索，具有体制模式的创新意义。

在研究实践中，重大咨询项目建立了问题导向、证据导向、科学导向下的"专家+方法+平台"综合性智库问题研究模式，充分发挥出中国科学院体系化建制化优势和高水平科技智库作用，有效解决了以往相关研究比较分散、单一和碎片化的局限，以及全局性战略性不足、系统解决方案缺失的问题。一是发挥专业研究作用。战略咨询院研究团队负责形成重大咨询项目研究方案，明确总体研究思路和主要研究内容等。之后，进一步负责形成了总体及区域、领域专题研究报告提纲要点，承担总体研究报告撰写工作。二是发挥综合集成作用。战略咨询院研究团队承担了融合区域问题和领域问题的综合集成深入研究工作，在研究过程中紧扣重要问题的阶段性研究进展，遴选和组织专家开展集中式研讨研判，鼓励思想碰撞和相互启发，通过反复螺旋式推进、循证迭代不断凝聚专家共识，形成重要认识和判断。同时，注重吸收青藏高原综合科学考察、新疆综合科学考察、全国生态系统调查评估、全国矿产资源国情调查等最新成果。三是强化与政策研究和主管部门的对接。依托中国科学院与国务院研究室共同组建的中国创新战略和政策研究中心，与国务院研究室围绕重要问题和关键方面，开展了多次研讨交流和综合研判。重视与国家发展和改革委员会、科技部、自然资源部、生态环境部、水利部等主管部门保持密切沟通，推动有关研究成果有效转化为相关领域政策举措。

"科技支撑中国西部生态屏障建设战略研究"重大咨询项目的高质高效完成，是中国科学院充分发挥建制化优势开展重大智库问题研究的集中体现，是近 400 位院士专家合力攻关的重要成果。据不完全统计，自 2021 年 6 月重大咨询项目开始谋划以来，项目组内部已召开了 200 余场研讨会。其间，遵循新冠疫情防控要求，很多研讨会都是通过线上或"线上＋线下"方式开展的。在此，向参与研究和咨询的所有专家表示衷心的感谢。

重大咨询项目组将基础研究成果，汇聚形成了这套"科技创新与美丽中国：西部生态屏障建设"系列丛书，包括总体研究报告和专题研究报告。总体研究报告是对科技支撑中国西部生态屏障建设的战略思考，包括总论、重点区域、重点领域三个部分。总论部分主要论述西部生态屏障的内涵特征、整体情况，以及科技支撑西部生态屏障建设的战略体系、重大任务和政策保障。重点区域、重点领域部分既支撑总论部分，也与各专题研究报告衔接。专题研究报告分别围绕重点生态屏障区建设、西部地区生态屏障重点领域，论述发挥科技支撑作用的重点方向、重点举措等，将分别陆续出版。具体包括：科技支撑青藏高原生态屏障区建设，科技支撑黄土高原生态屏障区建设，科技支撑云贵川渝生态屏障区建设，科技支撑新疆生态屏障区建设，科技支撑西部生态系统保护修复，科技支撑西部气候变化应对，科技支撑西部生物多样性保护，科技支撑西部环境污染防治，科技支撑西部水资源综合利用。

西部生态屏障建设涉及的大气、水、生态、土地、能源等要素和人类活动都处在持续发展演化之中。这次战略研究涉及区域、领域专题较多，加之认识和判断本身的局限性等，系列报告还存在不足之处，欢迎国内外各方面专家、学者不吝赐教。

科技支撑西部生态屏障建设战略研究、政策研究需要随着形势和环境的变化，需要随着西部生态屏障建设工作的深入开展而持续深入进行，以把握新情况、评估新进展、发现新问题、提出新建议，切实发挥好科技的基础性、支撑性作用，因此，这是一项长期的战略研究任务。系列丛书的出版也是进一步深化战略研究的起点。中国科学院将利用好重大咨询项目研究模式和专业化研究队伍，持续开展有组织的战略研究，并适时发布研究成果，为国家宏观决策提供科学建议，为科技工作者、高校师生、政府部门管理者等提供参考，也使社会和公众更好地了解科技对西部生态屏障建设的重要支撑作用，共同支持西部生态屏障建设，筑牢美丽中国的西部生态屏障。

总报告起草组

2024 年 7 月

目 录

第一部分

总　论

构建西部生态屏障是推进生态文明建设和美丽中国建设的重要内容。我国西部地区在国家安全和长远发展大局中具有特殊重要的战略地位。持续提升科技支撑能力，发挥科技支撑引领作用，统筹推进西部大保护、大开放、高质量发展，是我国生态文明建设和美丽中国建设的重中之重。本部分将我国西部地区作为一个整体，同时结合对重点区域问题和重点领域问题的研究，总体研判和论述西部生态屏障的内涵特征、整体情况，提出科技支撑西部生态屏障建设的战略体系、重大任务和政策保障。

第一章

西部生态屏障的内涵特征

我国西部地区孕育大江大河，阻挡沙尘东进，调节水汽交换，是保障国家安全的战略腹地和全方位对外开放新格局的前沿阵地，也是生态文明和美丽中国建设的重要区域，在国家发展大局和安全保障中的战略地位日益凸显。

第一节　西部地区具有极其重要的战略地位

我国西部地区作为经济地理分区，包括重庆市、四川省、陕西省、云南省、贵州省、广西壮族自治区、甘肃省、青海省、宁夏回族自治区、西藏自治区、新疆维吾尔自治区，以及内蒙古自治区的部分盟市，涉及 12 个省（自治区、直辖市），面积约占全国领土总面积的 71%。西部地区人口总数约为 3.8 亿，占全国总人口的 27% 左右，人口密度相对稀疏。同时，西部地区与蒙古国、俄罗斯、塔吉克斯坦、哈萨克斯坦、吉尔吉斯斯坦、巴基斯坦、阿富汗、不丹、尼泊尔、印度、缅甸、老挝、越南 13 个国家接壤，陆地边境线长达 1.8 万余公里，约占全国陆地边界全长的 79%。

西部地区拥有巨大的生态资产存量和生态服务供给能力。受气候与地形的影响，西部地区发育了热带森林、高原苔原与冰川、沙漠等独具特征的生态系统及组合，是黄河、长江、珠江三大江河的发源地，是澜沧江—湄公河、怒江—萨尔温江、印度河等亚洲大江大河的孕育地，也是西北季风的发源地或上风口。西部地区的自然生态系统有森林、灌丛、草地、湿地、荒漠等。其中，草地是面积最大的生态系统类型，其次是荒漠、森林与灌丛等。西部地区生态系统的空间分布由水热组合条件决定。其中，西北部主要由降水梯度决定，自东向西由草甸草原、温带典型草原向荒漠过渡；西南部主要由热量决定，从低海拔到高海拔，由森林向高寒草原、高寒荒漠和冰川过渡。

西部地区还是我国生物资源的宝库，是全球物种形成与分化的热点区域，也是研究生物多样性形成演化等重大前沿理论问题的天然实验室。西部地区物种丰富，特有种占比高。其中，高等植物物种数量占我国高等植物物种总数的 70%，动物特有种占全国物种总数的 50%～80%。全球 36 个生物多样性热点地区中，主要或部分在我国境内的 4 个全部位于西部地区。其中，西南地区是全球少有的集热带、亚热带到高山寒带完整生态系统的区域之一。那里拥有两大全球作物起源中心，不仅生物种类异常丰富，还是全球罕见的各生物门类家谱较完整的区域，且生物区系成分复杂、特有性高，是众多类群的分化中心和分布中心，也是我国三大生物多样性特有中心的核心地区。2022 年，西南五省（自治区、直辖市）① 的脊椎动物新种发现量占到全国总量的 73%。

受地形、水分与土壤特征的影响，西部地区生态系统稳定性低，生态环境相对脆弱。我国地貌类型由西向东呈三级阶梯分布，西部地区地下水天然可采资源丰富，水资源占全国总量的 80% 以上。其中，西南地区的水资源占全国的 70%，而西北地区缺水。西部生态高度敏感以上区域占全国比重超过 90%，形成了干旱半干旱风沙区、黄土高原水土流失严重区、西南石漠化区、西南山地干热河谷地质灾害高发区、青藏高原高寒生态脆弱区等。总体而言，西部地区是我国沙化、水土流失、石漠化土地的集中分布区，以及沙尘暴源区与泥石流高风险区，成因复杂多样，并且对人类活动高度敏感。

由于生态环境问题本身具有整体性和跨域性，因此西部地区生态环境的影响、治理和生态屏障建设都具有超越行政边界的国际性、全球性特征，涉及水资源、灾害、污染、生物多样性等方面。例如，以澜沧

---

① 即重庆市、四川省、贵州省、云南省、西藏自治区。

江—湄公河为主的西南跨境河流水资源影响着东南亚五国近 2.5 亿人口。又如，进入 21 世纪以来，青藏高原及周边地区先后发生了雅江、次仁玛错、阿里等多次冰崩和冰湖溃决灾害；2016 年，西藏阿里地区的两次冰崩及中尼边境地区的冰湖溃决，都造成了跨区域乃至跨境的灾害影响。此外，边境地区的生物多样性监测与保护、外来物种入侵监测与预警、区域性国际合作与跨境保护机制等，也都是西部生态环境保护和治理的重要方面。同时，由于生态问题的积累效应、放大效应、滞后效应等特点，西部地区的生态环境问题具有长期性和时滞性的特征。例如，20 世纪 50 年代后期，云南西双版纳因种植橡胶破坏了大量的热带雨林，到 70 年代时，当地雨林气候特征发生了明显的变化：每年雾日减少了 32 天，降水量减少了 100 毫米左右。又如，滇池在 20 世纪 60 年代时山清水秀，被誉为"鱼米之乡"；然而，进入 70 年代后，因"围湖造田"丧失了 20 多平方公里的湖泊面积；进入 80 年代，伴随工业的快速发展和城市规模的不断扩大，大量工业废水和城市污水流入滇池，导致湖泊水质从 90 年代初的 IV 类下降到 90 年代后期的 V 类。[1]

西部地区作为我国的战略大后方，是我国战略性矿产资源的重要产地和新能源的聚集区域。西部地区是我国煤炭、天然气、有色金属、稀有金属、钒钛稀土、磷肥钾肥的主要蕴藏地，更是石油、煤炭战略后备资源所在。西部地区的土地面积约占全国国土总面积的 71%，原煤产量占 59.4%，天然气产量占 79.6%，发电量占 37.9%，谷物产量占 24.0%，棉花产量占 90.1%，油料产量占 31.2%。西部地区新能源资源丰富，是我国风电和光伏装机布局的重要基地。我国第一批以沙漠、戈壁、荒漠地区为重点的大型风电光伏基地项目，就主要分布在内蒙古、青海、甘肃、宁夏、陕西、新疆 6 省（自治区）。西部地区长期建设形成的老工业基地、国防工业企业、科研机构和高等院校，集中了一批专门人才，具备产业发展和协作配套的条件。同时，西部地区是我国少数民族集聚的地区。全国 55 个少数民族中，西部地区就有 44 个。20 世纪 80 年代，我国著名民族学家、社会学家费孝通先生提出了一个观点，主张按照历史形成的民族区域进行整体研究。他认为，在中国的民族分布格局中，有"藏彝走廊""西北走廊""南岭走廊"三大民族走廊。这三条走廊主体部分在西部地区，也是我国多民族交往的重要通道。

此外，西部地区与 13 个国家接壤，是我国通往亚欧一些国家的重要通道，具有发展周边经济贸易合作的区位优势，正在成为我国全方位对外开放的新高地和桥头堡。随着"一带一路"和西部陆海新通道的加快建设，陆海内外联动、东西双向互济的开放格局正在西部形成。过去 5 年，西部地区累计开行中欧班列约 3.5 万列，占全国总数的约 50.5%；2023 年，西部地区进出口总额达 3.7 万亿元，较 2019 年增长 37%。我国已在西部布局建设了重庆、四川、陕西、广西、云南等 6 个自贸试验区和 40 个综合保税区。

因此，西部地区的生态环境对全国的生态环境有着重要影响，没有西部的生态环境改善，就没有全国生态环境的根本改善。西部生态屏障建设是构筑我国生态安全、资源安全、生物安全、经济安全等整体国家安全观的重要内涵。西部生态屏障建设关系我国长治久安和高质量发展，对我国东部地区乃至东亚、东南亚地区的生态环境保护和治理都具有重要的战略意义。

第二节 西部生态屏障具有特殊的地理空间格局

我国西部生态屏障的地理空间格局总体上可概括为"四高一低"（图 1-1），具体包括青藏高原区域、黄土高原区域、蒙古高原区域、云贵

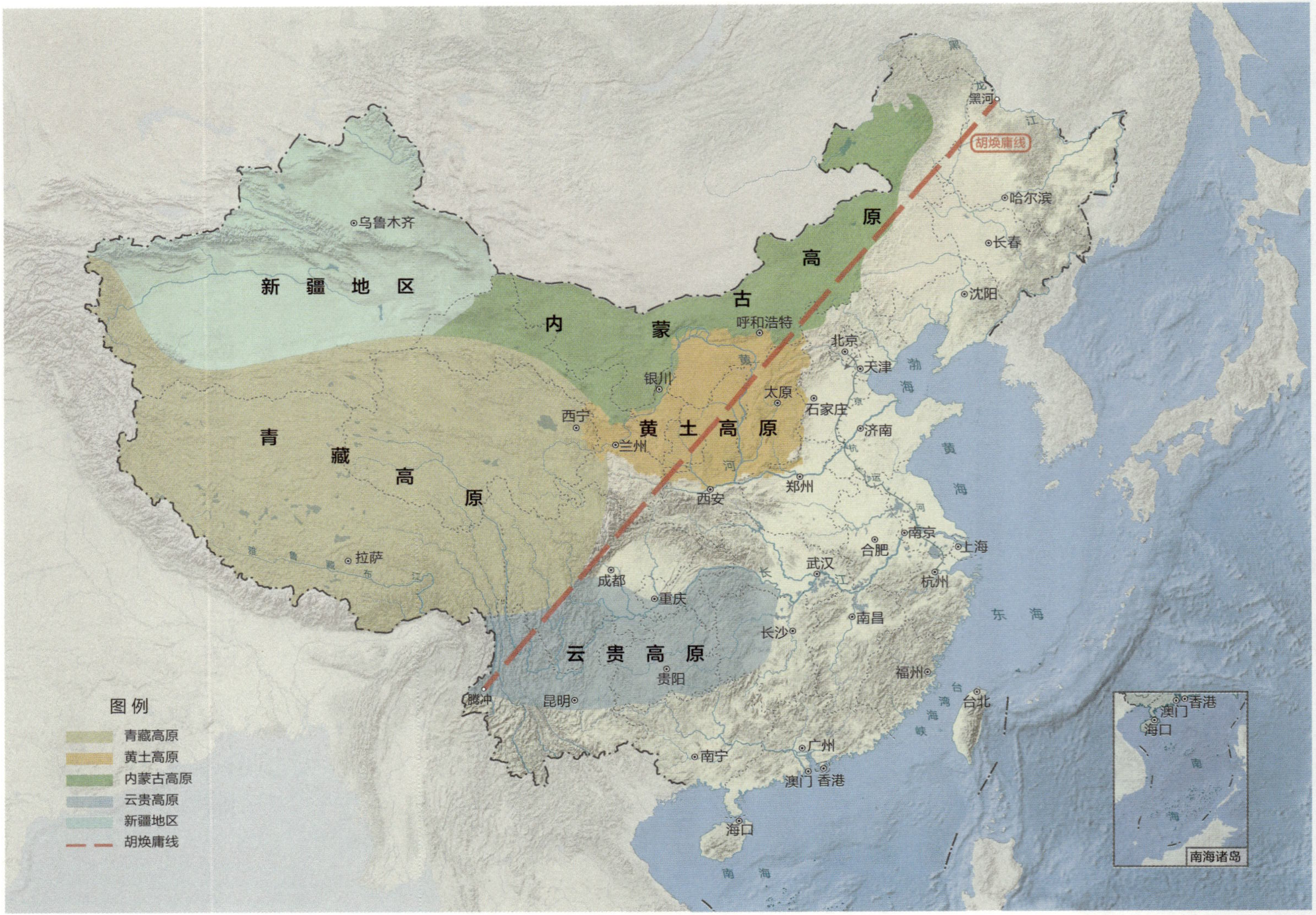

图 1-1　中国西部生态屏障"四高一低"的地理空间格局
地图出中国地图出版社绘制

图　例

青藏高原
黄土高原
内蒙古高原
云贵高原
新疆地区
胡焕庸线

高原区域、新疆地区①。这5个区域的生态环境本底特征和变化态势，既有各自独特性，又有系统联动性。

一、青藏高原

青藏高原被誉为"亚洲水塔""地球第三极"，是我国乃至全球的"生态源"和"气候源"。青藏高原是中国最大、世界海拔最高的高原，涉及西藏、青海、新疆、四川、甘肃、云南6省（自治区），总面积约260万平方公里，平均海拔在4000米以上，孕育了长江、黄河、雅鲁藏布江—布拉马普特拉河、澜沧江—湄公河、怒江—萨尔温江、恒河、印度河等13条亚洲地区重要河流。青藏高原具有从喜马拉雅山南坡亚热带气候到高原北部高寒干旱气候的多变气候类型，分布有森林、高寒草原、高寒草甸等复杂多样的植被类型，是亚洲乃至北半球气候变化的调节器、全球生物多样性的热点地区、高寒生物种质资源宝库。青藏高原的冰川、冻土、湖泊、河流等构成了"亚洲水塔"的主体。第二次青藏高原综合科学考察最新研究结果显示，青藏高原地表总水量超过10万亿立方米，约为黄河200年的径流总量。[2]过去50年，青藏高原气候变暖变湿，升温率超过同期全球平均升温率的2倍，导致"亚洲水塔"失衡，表现为冰川、积雪等固态水体快速减少，湖泊、河流等液态水体显著增加，冰冻圈灾害加剧，冰崩、冰湖溃决等灾害风险增加。进入21世纪以来，青藏高原生态总体向好，野生动物数量日趋恢复，生态系统碳汇总量为每年1.2亿~1.4亿吨。[3]

---

① 此处提到的我国西部生态屏障青藏高原区域、蒙古高原区域，均指位于我国境内的区域。其中，我国境内的蒙古高原区域即指内蒙古高原。在本书的具体研究中，统筹考虑了生态系统的完整性和地理单元的连续性，在青藏高原、蒙古高原的整体视角下，研究了我国西部生态屏障重点区域问题。

二、黄土高原

　　黄土高原是我国重要的能源资源基地和旱作农业区，也是全国水土流失最严重的地区。黄土高原横跨青海、甘肃、宁夏、内蒙古、陕西、山西、河南7个省（自治区），是世界上最大的黄土堆积区，也是世界上黄土覆盖面积最大的高原，海拔1000～2000米。黄土高原主体位于黄河中游半干旱—半湿润地带，深受东亚冬、夏季风气候的影响，其形成与全球气候变化、东亚季风气候变迁和青藏高原隆升等密切相关。在干旱条件下，我国西北内陆广大沙漠、戈壁和湖盆沉积产生的粉砂物质，在风力搬运下堆积形成了厚达100～400米不等的黄土沉积序列。最近260万年的黄土高原黄土—古土壤序列，完整记录了第四纪以来东亚冬、夏季风的盛衰及其与全球冰盖消长的关系，是国际公认的全球气候变化研究的三大支柱之一。水土流失是黄土高原面临的最严峻的生态环境问题，黄土高原为黄河提供了90%的泥沙和40%的径流，加强源头治理对于保障黄河安澜和华北平原人民安居乐业起着至关重要的屏障作用。此外，黄土高原蕴含着丰富的煤炭、石油、天然气、有色金属矿产及丰沛的光热资源，有潜力建成我国西部生态文明与乡村振兴相融合、生态建设与经济发展相协调、人地和谐与人民富裕的国家战略示范区。

三、蒙古高原

　　蒙古高原是草原生态系统分布最为广泛的地区，也是北方沙尘的重要发源地。蒙古高原包括蒙古国全部、俄罗斯南部和中国北部部分地区，平均海拔1580米。蒙古高原自然生态系统类型多样，主要包括森林、灌丛、草原、湿地、荒漠、沙地等生态系统。其中，草原是蒙古高原分布最为广泛的生态系统类型，涵盖了草甸草原、典型草原和荒漠草原。蒙古高原属温带大陆性气候，大部分地区处于干旱和半干旱区，气候干燥，日照丰富，水资源匮乏且空间分布极其不均衡，生态环境脆弱，具有极端气候事件频发、气候要素变率大的特征。沙尘暴、雪灾和旱灾是该区域最主要的气象灾害类型。近 60 年来，蒙古高原升温显著，雪灾和旱灾发生频率有所增加，而沙尘暴则因气候变化、防风固沙、植树造林等生态修复措施，呈现波动减少趋势。蒙古高原物种多样性丧失严重，入侵物种和有害物种的影响日益增强，家畜种质资源破坏严重，同时，蒙古高原地广人稀，产业结构较为单一，采矿业和畜牧业是其重要的支柱产业。蒙古高原的矿产资源丰裕，现已探明的有铜、钼、金、银、铀、铅、锌、稀土、铁、萤石、磷、煤、石油等 80 多种矿产，部分大矿储量在全球处于领先地位。蒙古高原可持续发展问题关乎中蒙俄经济走廊建设和我国生态安全，甚至东北亚地区可持续发展。

四、云贵高原

云贵高原是我国主要的水源涵养地和重要的水量补给地，也是世界上生物多样性极为丰富的地区之一。云贵高原包括云南东部、贵州全省、广西西北部，以及四川、湖北、湖南等省边境，是中国南北走向和东北—西南走向两组山脉的交汇处，地势西北高、东南低，大致以乌蒙山为界分为云南高原和贵州高原两部分，海拔在 400～3500 米。云贵高原位于青藏高原生态屏障和川滇—黄土高原生态屏障的核心交汇区，是我国"南水北调"西线、"滇中引水"等跨流域调水工程的水源地，在筑牢长江和珠江上游与西部生态屏障建设中具有基础性、关键性和主体性作用。区域内地形复杂多样，具有寒带、温带、亚热带和热带等多种气候类型，囊括了地球上除海洋和沙漠之外的所有生态系统类型。同时，该区域自然条件良好，是世界上生物多样性极为丰富的地区之一，拥有全境处于区域内的"中国西南山地"生物多样性热点地区、部分处于区域内的"东喜马拉雅"和"印缅"生物多样性热点地区，在调节气候、保护生物多样性等方面具有极高的生态价值。此外，区域地形急变也导致了该区域环境的脆弱性和灾害的频发，同时对气候变化与人类活动的影响也十分敏感。

五、新疆地区

新疆地区作为我国荒漠化集中区与少数民族聚居区高度耦合的重点区域，是绿色丝绸之路建设的核心地带。受青藏高原隆升影响，干旱气候带北移在新疆形成了温带荒漠，造就了以阿尔泰山、天山、昆仑山、塔里木盆地和准噶尔盆地为主的山盆地貌。新疆具有典型的温带大陆性荒漠气候特点，是我国西北干旱区的主体和北方防沙带的重要组成部分，属我国北方生态安全屏障的风沙前沿地带。新疆沙地面积占全国的45.97%，其中流动沙地（丘）面积占到全国的72.91%，这些沙地分布范围广、流动性大、类型多样且沙化程度严重。[4]新疆以沙漠化、盐碱化为主要表现形式的荒漠化问题极为突出，总体上集中连片分布、危害风险与利用潜力并存。其中，沙漠化土地集中连片分布在塔里木盆地、准噶尔盆地和吐哈盆地（吐鲁番—哈密盆地），其中塔克拉玛干沙漠、古尔班通古特沙漠及东疆戈壁，是我国最主要的风沙口和尘源区；盐碱地主要发育在山前洪积冲积扇缘带、河流下游及尾闾湖湖盆，各大灌区均存在不同程度的盐渍化现象，如南疆盐碱化耕地面积占耕地面积的49.60%。[5]此外，新疆塔里木盆地、准噶尔盆地和吐哈盆地分布有储量巨大的地下咸水、半咸水和微咸水，具有良好的开发利用价值。

"四高一低"五个区域作为地球系统的子系统，是全球气候变化研究和地球系统科学研究的热点区域。这些区域在生态系统保护修复、气候变化应对、生物多样性保护、环境污染防治、水资源综合利用等方面，都是大尺度地球物理化学过程和生态过程的重要组成部分，具有多种平衡态，并且处于动态变化之中。

第三节　西部生态屏障系统性特征突出

西部生态屏障建设既涉及自然生态子系统，也涉及人类活动子系统，既涉及土壤学、植物学、生态学、环境学、信息学等学科的交叉融合，也涉及经济效益、社会效益和生态效益的有机统一。因此，西部生态屏障建设需要统筹考虑生态系统的完整性、地理单元的连续性、经济社会发展的可持续性，以及科技支撑作用的体系性。

一是生态系统是由植物、动物和微生物群落及无机环境相互作用而构成的一个动态、复杂的功能单元。2013 年 11 月，习近平总书记在党的十八届三中全会上作关于《中共中央关于全面深化改革若干重大问题的决定》的说明时指出："我们要认识到，山水林田湖是一个生命共同体，人的命脉在田，田的命脉在水，水的命脉在山，山的命脉在土，土的命脉在树。"[6] 生态环境系统是一个复杂庞大、各元素相互交织的整体系统，往往牵一发而动全身。因此，面对自然资源和生态系统，不能从一时一地来看问题，一定要树立大局观和全局观。

二是西部地区自然生态系统对全球气候变化和人类活动高度敏感。人与自然是生命共同体，人类必须尊重自然、顺应自然、保护自然，人类只有遵循自然规律才能有效防止在开发利用自然上走弯路。西部地区生态系统敏感脆弱、稳定性低，整体干旱强度高、降水变率大、极端气候事件频发、自然灾害严重。同时，大规模人类活动与西部地区自然生态系统等高度耦合，给西部地区生态环境保护带来机遇的同时，也带来新的挑战，需要系统性应对。

三是西部生态屏障建设需要处理好保护与发展的关系，坚持以高水平保护支撑高质量发展。2023 年 7 月，习近平总书记在全国生态环境保护大会上指出，"高质量发展和高水平保护是相辅相成、相得益彰的。高水平保护是高质量发展的重要支撑，生态优先、绿色低碳的高质量发展只有依靠高水平保护才能实现"[7]。西部生态屏障建设资金投入高、经济收益低，增绿不增收问题较为普遍。如何实现生态文明建设和富民增收并举，同时释放保护价值和发展潜力，是西部生态屏障建设中需要系统解决的关键问题。

四是西部生态屏障建设和治理是一个动态的、多维的时空概念。生态资源在空间和时间上一般都具有整体性、连续性、相关性和互补性，在组成和功能上具有系统性和全局性。除了生态边界与行政边界不一致之外，生态治理面临着利益主体的多层次性、跨界治理的多方合作需求、资源产权的不明确、治理时效的长期性等突出难点。同时，现代生态治理体系是生态保护、区域治理、创新政策等的交汇点，需要通过合作和创新的手段推进其系统性、协同性建立，需要处理好体系管理和微观行动的差异和统一。[8]

五是西部生态屏障建设需要系统性提升和发挥科学研究、工程应用、支撑手段等科技赋能作用。一方面，需要对西部地区乃至更大空间尺度上气象 – 水文 – 生态环境及经济社会系统之间的耦合作用进行深入研究，以加强系统性科学研究。另一方面，需要加强生态环境保护和特色产业发展这两方面的关键技术研发与应用，以支持实现生态增绿与产业增收的双赢。同时，需要加快新技术在西部生态屏障建设中的应用，结合已有学科研究成果和综合科学考察成果，为西部生态屏障建设提供有效的解决方案。

本章参考文献

[1] 段昌群，杨雪清，等 . 生态约束与生态支撑：生态环境与社会经济关系互动的案例分析 . 北京：科学出版社，2006.

[2] 姚檀栋，邬光剑，徐柏青，等 . "亚洲水塔"变化与影响 . 中国科学院院刊，2019，34（11）：1203-1209.

[3] 汪涛，王晓映，刘丹，等 . 青藏高原碳汇现状及其未来趋势 . 中国科学：地球科学，2023，53（7）：1506-1516.

[4] 新疆林业和草原局 . 新疆第六次荒漠化和沙化状况公报，2022.

[5] 庄庆威，吴世新，杨怡，等 . 近 10 年新疆不同程度盐渍化耕地的时空变化特征 . 中国科学院大学学报，2021，38（3）：341-349.

[6] 习近平：关于《中共中央关于全面深化改革若干重大问题的决定》的说明 . http://www.xinhuanet.com/politics/2013-11/15/c_118164294.htm[2013-11-15].

[7] 习近平：推进生态文明建设需要处理好几个重大关系 . http://www.scio.gov.cn/ttbd/xjp/202311/t20231115_779170.html[2023-11-15].

[8] 赵璐 . 网络组织与中国生态治理 . 开发研究，2019（1）：7-12.

第二章

西部生态屏障的整体情况

西部生态屏障建设是一项长期性、战略性的系统工程，涉及生态、环境、科技、经济、社会、安全等多区域、多部门、多维度的复杂且现实的问题，影响广泛且深远。这就需要把西部地区作为一个整体，总体认识和厘清西部生态屏障建设的重要进展、关键问题、薄弱环节和长期任务。

第一节 西部地区高质量发展取得积极进展

随着西部大开发战略和生态文明建设的深入推进，我国西部地区统筹高水平保护和高质量发展取得了历史性成就，逐步形成了凸显经济社会发展比较优势的绿色发展体系，为助力西部地区走好生态文明发展道路奠定了良好基础。

一、党中央高度重视西部地区高质量发展

党中央、国务院高度重视西部地区发展，采取了一系列优惠政策和措施，以促进西部地区经济社会发展。

1999 年 9 月，党的十五届四中全会正式提出"国家要实施西部大开发战略"。会议提出，按照"全面推进、科学发展、东西互动、加速转型"的总体思路，坚定不移地进一步全面深入推进实施西部大开发战略，促进西部地区经济社会的全面协调可持续发展。同年 11 月，中共中央、国务院召开中央经济工作会议，在部署 2000 年经济工作的同时，对实施西部大开发战略也做出全面部署。国务院西部地区开发领导小组及其办公室随即成立，国务院西部地区开发领导小组办公室于 2000 年 3 月正式开

始工作，实施西部大开发战略从此拉开了序幕。

2002 年，国家计划委员会、国务院西部地区开发领导小组办公室印发《"十五"西部开发总体规划》[1]，这是我国第一个关于西部大开发的五年规划。该规划提出，"要突出抓好基础设施建设、生态建设和环境保护、产业结构调整、发展科技教育等重点任务，集中力量在水利、交通、通信、能源、市政、生态、农业、科技、教育和农村基础设施等方面建设一批具有明显带动作用的重点工程"。2004 年，《国务院关于进一步推进西部大开发的若干意见》（国发〔2004〕6 号）印发，提出了进一步推进西部大开发的十条意见。内容包括：扎实推进生态建设和环境保护，实现生态改善和农民增收；继续加快基础设施重点工程建设，为西部地区加快发展打好基础；进一步加强农业和农村基础设施建设，加快改善农民生产生活条件；大力调整产业结构，积极发展有特色的优势产业；积极推进重点地带开发，加快培育区域经济增长极；等等。2007 年，我国发布《西部大开发"十一五"规划》，把发展作为继续推进西部大开发的第一要务，在发展中不断解决突出矛盾和问题。

2010 年，在西部大开发战略实施 10 周年之际，《中共中央 国务院关于深入实施西部大开发战略的若干意见》（中发〔2010〕11 号）印发，明确提出"今后 10 年是深入推进西部大开发承前启后的关键时期"。之后，《西部大开发"十二五"规划》《西部大开发"十三五"规划》分别在 2012 年、2016 年印发。

2020 年 5 月，在西部大开发战略实施 20 周年之际，《中共中央 国务院关于新时代推进西部大开发形成新格局的指导意见》印发。这是党中央、国务院从全局出发，顺应中国特色社会主义进入新时代、区域协调发展进入新阶段的新要求，统筹国内国际两个大局做出的重大决策部署。

2024 年 4 月 23 日，习近平总书记在重庆主持召开新时代推动西部大开发座谈会并发表重要讲话，强调西部地区在全国改革发展稳定大局中举足轻重，要一以贯之抓好党中央推动西部大开发政策举措的贯彻落实，进一步形成大保护、大开放、高质量发展新格局。这是党的十八大后，习近平总书记首次主持召开西部大开发主题的座谈会，也是党的二十大后第八次召开区域协调发展的专题会议。他指出，党中央对新时代推进西部大开发形成新格局作出部署5年来，西部地区生态环境保护修复取得重大成效，高质量发展能力明显提升，开放型经济格局加快构建，基础设施条件大为改观，人民生活水平稳步提高，如期打赢脱贫攻坚战，同全国一道全面建成小康社会，踏上了全面建设社会主义现代化国家新征程。同时要看到，西部地区发展仍面临不少困难和挑战，要切实研究解决。[2]

二、西部地区经济社会发展迈上新台阶

历经"十五"到"十三五"四个五年规划，特别是党的十八大以来，西部地区经济社会发展取得了历史性成就，工业化、城市化、基础设施建设和人民生活水平发生了翻天覆地的变化，扩展了国家发展的战略回旋空间，已成为国家战略开发的桥头堡。

（一）总体经济水平持续提升

在经济进入新常态背景下，西部地区经济增长稳中向好，1999年西部地区生产总值为1.5万亿元，2022年西部地区生产总值为26万亿元，占国内生产总值（gross domestic product，GDP）的比重达21%。同时，1999～2022年西部地区进出口总额、工业企业营业收入、工业企业利润等指标都实现同比高速增长。此外，西部地区基础设施更加完善，交通运输网络不断拓展加密，空间可达性大幅提升，西气东输、西电东送等一批重大能源工程相继竣工。

（二）现代产业体系基本形成

近年来，西部地区探索将自然资源、地理区位等要素优势转化成社会生产力的独特路径，承接东中部地区产业转移的竞争力逐步增强，建成了一批国家重要能源基地、资源深加工基地、装备制造业基地和战略性新兴产业基地，大数据、健康养生、旅游文创等新产业新业态蓬勃发展，新旧动能转换持续推进。此外，西部地区深度融入"一带一路"大格局，从开放洼地变身对外开放窗口前沿。

（三）人民生活质量不断改善

西部地区涵盖 12 个省（自治区、直辖市）、3 亿多人口，是我国实施脱贫攻坚、破解区域发展不平衡不充分问题的关键阵地。党的十八大以来，西部地区民生质量不断改善，现行标准下农村贫困人口全部脱贫，脱贫人口 5086 万，占全国比重为 51.38%，脱贫县 568 个，占全国比重为 68.27%。为了巩固拓展脱贫攻坚成果，接续推进乡村全面振兴，国家制定了一系列的帮扶支持政策，2021 年公布的 160 个国家乡村振兴重点帮扶县，全部集中在西部地区。[3]

三、西部地区生态环境持续改善

党的十八大以来，在习近平生态文明思想指导下，我国生态文明建设发生了历史性、转折性、全局性变化，创造了举世瞩目的生态奇迹和绿色发展奇迹。通过深入实施退耕还林还草、防护林体系建设、石漠化综合治理、三江源生态保护和修复、黄土高原水土流失综合治理等重大生态工程，西部地区生态系统加快恢复，生态环境有效改善，生态屏障骨架基本构筑。

（一）西部生态屏障功能得到巩固

近年来，我国按照区域特征，以三江源、祁连山、横断山脉、黄土高原、塔里木河流域、秦巴山区等重要生态功能区为核心，开展了西部生态屏障建设，实施天然草地保护、防护林体系建设、防沙治沙和水土流失治理等重大生态工程，生态环境持续改善，为保障全国生态安全做出了重大贡献。

（二）生态保护修复成效显著

2000 年以来，西部地区森林、草地、湿地生态系统质量持续改善，水土流失总面积减少 27%，中度及以上沙化土地面积减少 7%，石漠化面积减少 45%。① 在重点区域，黄土高原地表覆被呈现由"黄"变"绿"的系统性转型，生态环境条件发生历史性转变。

（三）生物多样性保护成效显著

西部地区围绕生物多样性保护开展了积极探索与实践，大力推进国家公园建设，野生动物、珍稀濒危物种种群数量呈现恢复性增长态势。例如，羌塘高原藏羚羊个体数量已从 20 世纪八九十年代的不足 7 万只，增加至 2021 年的约 30 万只，保护级别也从濒危物种降级为近危物种。[4]

（四）环境污染防治成效显著

西部地区污染总量虽然少于东部地区，但单位产值污染物排放量却多于东部地区，导致西部地区大中型城市和工矿区的环境污染超过东部地区。近年来，西部地区积极开展大气、水、土壤污染防治攻坚行动，

① 资料来源于全国生态状况调查评估 2000～2010 年、2010～2015 年、2015～2020 年的数据。

并取得了显著成效：空气质量明显提高，监测断面地表水质大幅提升，土壤环境质量明显改善，环境污染风险得到了有效防控。

第二节　西部生态屏障建设面临新挑战

我国西部地区生态环境相对脆弱，特别是近年来发生了重大变化。这些变化导致了西北暖湿化、"亚洲水塔"失衡、北方防沙带变化、极端天气和复合灾害频发等一系列问题。全球气候变化和大规模人类活动之间的关联增强，这对西部生态屏障建设产生了多重影响的叠加效应。

全球气候变暖对西部生态屏障建设产生了重大影响，机遇与挑战并存。过去几十年，我国变暖程度高于全球平均水平。其中，西部地区特别是青藏高原和内蒙古地区，明显高于东部地区，这导致了生态系统的结构、生产力、碳库潜力、脆弱性等方面的巨大变化。例如，受西北暖湿化现象影响，20 世纪 80 年代至今，半干旱区水文气候带向西北迁移了 100 余公里，河湖面积有所增加，在一定程度上有利于西部地区生态恢复和生态屏障功能发挥。又如，青藏高原多年深层冻土面积达 140 万平方公里，过去 50 年，该区域升温率超过同期全球平均升温率的 2 倍，引起深层冻土碳排放增加。再如，伴随着西北暖湿化，西北地区径流量有所增加，但年际变化大、不确定性强。2022 年，塔里木河 25 条支流发生了超警戒流量洪水，干流年径流量 96.88 亿立方米，达到历史最大值，而 2023 年回落到 49.77 亿立方米，特别是 2009 年还出现低于 20 亿立方米的历史低值。[5, 6]

西部不同地区面临多种多样的发展与保护问题。西部地区特别是西北地区，薄弱在生态，根源在缺水。人类活动和经济社会发展，尤其是农业用水的大量需求，挤占了生态用水，导致塔里木河、黑河、石羊河三大内陆河部分区域生态景观退变，这反过来又会制约当地经济社会的发展。西部地区是我国大型风电光伏产业基地，新能源产业链的原材料开发、生产、运行、使用及废弃过程中所使用的化学品对生态环境的影响必将是未来不可回避的环境保护问题。西部地区生态环境复杂多样，但在一些地方的生态环境保护与修复工作中，存在着"一刀切"的现象，缺乏根据当地实际情况制定的因地制宜的策略。一些地方没有充分考虑适地适树的客观实际，在不能种树的地区植树造林，导致地下水流失、"老头树"等问题的出现。一些宜林地区的树种选择较为单一，物种多样性较低，生态系统稳定性差，对气候变化极为敏感，出现生态恢复区大面积林木死亡的情况。

现有一些重大基础设施的建设对气候变化、生态环境、地质条件等影响的考虑仍有不足。例如，川藏铁路、"南水北调"西线等国家战略性、标志性重大工程在西部地区部署，气候变化、生态影响、强烈地震与工程建设极端扰动发生耦合作用，巨灾与多灾种复合链生灾害成为前所未有的科技难题与挑战。大型光伏电站建设改变了地表覆盖，影响局地辐射条件和地表能量平衡，导致生物量和生物多样性发生变化，其潜在的生态影响和对局部气候影响仍缺乏长期的监测数据和明确的结论。

跨境灾害风险防范、跨境河流开发利用与保护等，也是西部生态屏障建设面临的重要议题。例如，科西河流经中国、尼泊尔和印度，1981年樟藏布冰湖溃决造成尼泊尔境内的孙科西水电站被冲毁。以澜沧江—湄公河为主的西南跨境河流水资源影响着东南亚越南、泰国、柬埔寨、老挝和缅甸5国近2.5亿人口。以伊犁河与额尔齐斯河为主的西北跨境河流水资源占西北水资源量的1/3，影响着哈萨克斯坦、俄罗斯西西伯利亚和吉尔吉斯斯坦干旱地区。

目前，对气象－水文－生态环境及经济社会系统之间耦合作用的关键物理过程与机制还不十分清楚，难以准确把握西部生态屏障的系统演化趋势，难以有效统筹山水林田湖草沙一体化保护和系统治理，严重制约了西部大保护、大开放、高质量发展。并且在实践中，仍存在"重理论、轻应用"问题，新技术推广、科研成果转化等方面比较欠缺，理论研究与工程实践存在一定程度的脱节现象，关键技术和措施的系统性和长效性有待加强。这就迫切需要通过有组织的科研攻关，系统解决西部生态屏障跨区域、跨部门、跨学科的重大生态、资源和环境等治理问题。

数据要素在西部地区经济社会发展和生态屏障建设中的作用日益凸显。随着新一代信息技术在西部地区的广泛深入应用，海量数据从各种应用中涌现出来，如自然本底数据、经济社会发展数据、生物多样性保护数据、气候变化数据等多源异构大数据，呈现指数级增长的态势，蕴含着巨大的价值，需要大力发展数据采集、存储、使用、管理技术，这给西部生态屏障建设带来了新的机遇和挑战。

第三节　科技支撑西部生态屏障建设肩负新使命

西部生态屏障建设要以习近平生态文明思想为指导，完整、准确、全面贯彻新发展理念，充分发挥科技支撑作用，促进人与自然和谐共生，在支撑中保护，在保护中开发，在开发中发展，在发展中振兴。

一、西部生态屏障建设的科技支撑作用日益增强

党中央、国务院重视西部地区科技支撑体系建设，不断加强西部生态屏障的科技保障能力，有效推动了西部生态屏障建设相关基础理论和适用技术的研发攻关和转化应用。同时，不断推进相关国际科技合作，

如 2009 年牵头发起"第三极环境"（Third Pole Environment，TPE）国际计划、2021 年牵头发起"全球干旱生态系统国际大科学计划"等。

（一）实现了基础研究理论突破

科技创新在支撑西部生态屏障建设中发挥了至关重要的作用，尤其平台网络跟踪监测、多次综合科学考察等，有效推动了相关基础研究理论的突破。中国科学院等国家战略科技力量在相关基础研究及应用研究方面取得了许多开拓性的科学成就。例如，刘东生院士建立了国际上公认的洛川黄土标准刻面，创立了黄土学；叶笃正院士提出了青藏高原在夏季是热源的见解，创立了青藏高原气象学；曾庆存院士提出的"半隐式差分法"，至今在数值天气预报、气候预测及地球流体力学中仍被广泛应用。

（二）基本摸清了部分区域生物资源的家底

中国科学院及相关部门先后组织青藏高原综合科学考察、横断山脉考察等西部地区自然资源综合科学考察，编撰完成了系列全国性志书和相关区域动植物志，基本摸清了部分区域生物资源的家底。此外，各地区、各部门深入推进野外观测站、科学数据中心、生物资源库等平台网络建设。例如，西部地区建立了多个生物多样性监测网络，形成了"国家生态科学数据中心"等 20 个国家科学数据中心和"国家重要野生植物种质资源库"等 30 个国家生物种质与实验材料资源库。

（三）加强了生态保护修复保障能力

我国在生态系统保护修复基础理论和适用技术研究、生态保护监测监管能力、生态灾害应急保障和综合防控等方面都取得了长足进步。国家有关部门组织启动了一系列科技支撑生态系统保护与恢复重点任务，持续推进长江中上游防护林、长江中上游水土流失治理、"三北"防护林

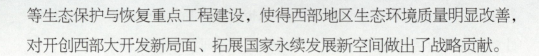
等生态保护与恢复重点工程建设，使得西部地区生态环境质量明显改善，对开创西部大开发新局面、拓展国家永续发展新空间做出了战略贡献。

（四）促进了环境治理技术突破和应用

我国全面开展了面向大气、水、土壤污染防治的科技攻坚战，有效提升了西部地区的环境空气质量，有效改善了西部地区监测断面地表的水质，也切实改善了西部地区的土壤环境质量。例如，在水污染防治方面，云南滇池、洱海和内蒙古"一湖两海"（呼伦湖、乌梁素海、岱海）被作为全国重点研究示范区，依托国家和地方两级科技计划的实施，针对水生态环境保护的重大技术瓶颈开展了联合攻关和科技成果示范。

（五）提高了水资源综合利用效率

中国科学院、科技部等部门先后部署了系列研究项目，开展了水文服务体系、水文业务体系、水文管理与保障体系等研究，补充完善了区域水资源要素观测网络，深化了对区域水资源变化的科学认识，提升了西部地区的水环境污染防治水平和水资源利用效率。例如，黄土高原生态系统持水固土功能显著提升，侵蚀强度明显减弱，水土流失面积显著减少，入黄泥沙量大幅下降，推动了黄土高原水土流失治理的跨越式发展。

（六）推进了矿产资源绿色开发利用

绿色低碳的开采技术是减少开采活动对环境和气候的负面影响，实现可持续发展的重要手段。截至 2022 年，我国已建成了 1100 多家国家级绿色矿山，创建了 50 家绿色矿业发展示范区。近年来，西部地区在矿产资源开发过程中，大量研发和采用了先进的采矿技术、资源勘探技术和环保技术。通过采用数字化解决方案和自动化技术，推动了相关产业的整体升级，有效提高了矿产资源的利用效率，并减轻了环境负担。在实现西部地区矿产资源高质量开发的同时，也助力了西部生态屏障建设。

二、西部生态屏障建设的科技支撑能力需系统提升

习近平总书记在全国生态环境保护大会、内蒙古考察、四川考察等多个场合，强调正确处理高质量发展和高水平保护、重点攻坚和协同治理、自然恢复和人工修复、外部约束和内生动力、"双碳"承诺和自主行动等重大关系，深入推进生态文明建设，提出要加强科技支撑，推进绿色低碳科技自立自强。[7] 今后需要立足西部生态屏障的内涵特征，在已有科技布局的基础上，持续提升科技支撑能力、系统发挥科技支撑作用，统筹推进西部大保护、大开放、高质量发展。

首先，需要坚持问题导向、需求导向，强化科技支撑西部生态屏障建设的顶层设计，一体化、长周期统筹推进理论研究、工程实践和区域示范。尽管针对西部某一区域、某一领域、某一问题及其科技支撑已做了大量研究，但把西部地区作为一个整体的系统研究不够、形成的系统解决方案不够、成体系的科技支撑系统布局不够。例如，对西部生态屏障建设的内在机理和规律认识不够，生态系统保护修复的系统性整体性不足，部分生态工程建设目标、实施内容和治理措施相对单一，忽视自然条件、资源禀赋和生态区位等特点。同时，要结合西部典型生态区域特点，布局建设一批西部生态屏障建设相关科技成果转化应用集中示范区，促进适用技术的示范应用和推广。

其次，需要进一步强化西部生态屏障综合性大数据平台建设，以及监测、预报、预警、预测体系建设。利用大数据对气象–水文–生态环境等进行精细化的监测、预报、预警与预测，这对服务西部生态屏障建设与推动高质量发展具有迫切的重要性。应在充分发挥地球系统数值模拟装置、中国生态系统研究网络（Chinese Ecosystem Research Network,

CERN）、可持续发展大数据国际研究中心等已布局重大科技基础设施和平台作用的基础上，强化集成性、综合性大数据平台建设，加强数据集成利用和开放共享。同时，将综合科学考察和常态化监测相结合，运用大数据、人工智能、卫星遥感遥测、无人机等先进科技手段，对生态环境、气象水文、灾害风险等进行精细化、全时空监测、模拟和评估。

最后，西部生态屏障建设需要系统性地解决跨区域、跨部门、跨学科的重大问题，健全协同治理组织保障体系。特别是，随着新一轮科技革命和产业变革的深入推进，科学、技术、工程、产业、社会已呈现出一体化加速推进的态势，科技的渗透性、关键性、引领性作用更加凸显，其在构成上不仅包含硬性的效能维度，而且包含软性的生态治理方式等规范维度。这就需要切实加强央地间、区域间在财政、环保、科技、就业、产业、区域、合作等方面政策的协调配合，强化各类要素保障等方面的政策统筹，确保同向发力、形成合力，加强各类政策的系统性和长效性。

本章参考文献

[1] 中华人民共和国中央人民政府.国家计委、国务院西部开发办关于印发"十五"西部开发总体规划的通知.https://www.gov.cn/gongbao/content/2003/content_62545.htm [2002-02-25].

[2] 中华人民共和国中央人民政府.习近平主持召开新时代推动西部大开发座谈会强调：进一步形成大保护大开放高质量发展新格局 奋力谱写西部大开发新篇章.https://www.gov.cn/yaowen/liebiao/202404/content_6947130.htm?lj[2024-04-23].

[3] 纪志耿.建设好中国式现代化的战略大后方.http://www.dangjian.cn/shouye/sixianglilun/lilunqiangdang/202311/t20231103_6693253.shtml[2023-11-03].

[4] 藏羚羊从濒危物种降为近危物种.https://china.huanqiu.com/article/44IF54x9BAx[2021-08-10].

[5] 胡瑞媛,畅建霞,郭爱军,等.塔里木河干流生态系统变化与生态效益分析.干旱区地理,2024,47（4）：622-633.

[6] 杨鹏,陈亚宁,李卫红,等.2003—2012年新疆塔里木河径流量变化与断流分析.资源科学,2015（3）：485-493.

[7] 习近平：推进生态文明建设需要处理好几个重大关系.http://www.scio.gov.cn/ttbd/xjp/202311/t20231115_779170.html[2023-11-15].

第三章

科技支撑西部生态屏障建设的战略体系

西部生态屏障建设是一项复杂的系统工程,需要跨区域、跨领域的综合保护和系统性治理。这一工程必须以科学认知为基础,以技术应用为抓手,进行统筹谋划、系统布局,以提升我国生态系统的可持续发展能力。当前,在科学研究和工程技术的支持下,我国西部生态屏障建设在关键区域和重点领域已经取得了显著成效。但是,随着西部生态屏障建设的不断推进,亟须从单区域、单领域的点状突破转向跨区域、多领域的系统治理,需要深入认识西部生态系统的多要素多圈层演化机理,全面掌握气候变化和人类活动对西部生态系统的影响,有效统筹生态系统保护和经济社会发展,因此,必须从全局性、系统性的高度构建科技支撑西部生态屏障建设的战略体系。

第一节　科技支撑西部生态屏障建设的战略体系构建思路

一、做到两个遵循

党的十八大首次将生态文明建设纳入中国特色社会主义事业"五位一体"总体布局,明确提出大力推进生态文明建设,努力建设美丽中国,实现中华民族永续发展的理念。其中,生态文明建设在"五位一体"总体布局中具有突出地位,发挥独特功能,为经济建设、政治建设、文化建设、社会建设奠定坚实的自然基础和提供丰富的生态滋养。从习近平总书记关于生态文明建设重要论述中,可以提炼出四大核心理念,即人与自然和谐共生的新生态自然观、绿水青山就是金山银山的新经济发展观、山水林田湖草沙是一个生命共同体的新系统观,以及环境就是民生的新民生政绩观。因此,构建科技支撑西部生态屏障建设的战略体系,要坚持以习近平生态文明思想为指导，牢固树立"绿水青山就是金山银山"的理念，尊重自然、顺应自然、保护自然，科学探索人与自然和谐共生之路，统筹推进国家生态屏障建设，促进经济社会高质量发展，做到两个遵循。

（一）遵循地球系统整体观

增强对"水－土－气－生"地球系统多圈层与人地关系相互作用的系统认识，从系统工程和全局角度统筹推进山水林田湖草沙冰一体化保护和系统治理，促进不同生态屏障区的跨区协同及不同生态领域的跨域协同。

（二）遵循生态系统演化观

科学认识全球气候变化趋势和生态系统演进规律，系统研究气候变化和人类活动对生态系统的影响与响应机制。为加快推动绿色发展，促进人与自然和谐共生，提升生态系统多样性、稳定性、持续性奠定坚实科学基础和技术保障。

二、坚持六项基本原则

按照两个遵循，构建科技支撑西部生态屏障建设战略体系，要把握西部生态屏障建设的全局性、系统性与跨区域、跨领域特点，统筹生态保护与绿色发展之间的关系，面向西部生态屏障建设的国家重大需求和国际科技前沿，系统构建科技支撑西部生态屏障建设的战略体系，有效提升科技创新的整体效能及对西部生态屏障建设的支撑作用。在此过程中，需坚持六项基本原则。

（一）坚持战略导向，统筹发展布局

要以"生态文明建设与可持续发展"国家战略为核心，结合构建双循环新发展格局，统筹乡村振兴等国家重大战略，以及"西部大开发"、"长江经济带"和"黄河流域生态保护和高质量发展"等区域发展战略，科学擘画生态保护与绿色发展协同推进格局。

（二）坚持问题导向，突破重点难点

要立足我国在西部生态等领域的研究基础，面向解决跨区域、跨领域的全局性生态保护与高质量发展问题，优化科技计划布局和科技资源配置，整合现有科技力量，补齐领域方向短板，优化协同攻关机制，形成科技创新破解系统性难题的强大合力。

（三）坚持需求导向，提高供给能力

要面向西部地区生态保护与绿色发展的重大需求，增强生态系统整体保护与重点修复、绿色低碳产业发展与资源清洁高效利用等领域的科技供给能力，以科技创新践行"绿水青山就是金山银山"理念，探寻人与自然和谐共生的科学道路。

（四）坚持科学导向，探索前沿科技

要面向气候变化应对、生态系统保护修复、环境污染防治、生物多样性保护、水资源综合利用等领域的科技前沿，深入开展科学前沿探索和关键共性技术攻关，提升对生态系统各要素相互作用及其动态演化过程的认知水平，产出生态环境保护重大原创性科技成果。

（五）坚持目标导向，发挥支撑作用

要以加快建设我国西部生态屏障为目标，发挥科技支撑战略体系的体系化优势，加强西部生态系统要素观测监测体系和区域生态系统综合模拟系统建设，形成从数据采集、科学发现、技术研发到工程应用的全流程科技创新体系，有效支撑西部生态屏障建设。

（六）坚持决策导向，注重咨询实效

要面向服务西部生态屏障建设的重大决策需求，以科学认知西部生态系统演化规律为基础，以生态系统保护修复工程技术为依托，为西部生态保护和绿色发展提供科技咨询建议，切实提高我国西部生态屏障建设的科学决策水平。

第二节　支撑西部生态屏障建设的科技战略体系布局

面对西部生态屏障建设的系统性、全局性，以及生态环境问题的广域性、长期性、复杂性和不确定性，必须依靠科学技术提出西部生态屏障建设的科学路径和有效手段。构建支撑西部生态屏障建设的科技战略体系，就是围绕西部生态屏障建设需求，有效融合各领域战略布局，科学整合各方面战略资源，综合运用各支战略科技力量优势，最大化发挥科技战略体系的体系化作用，系统提升西部生态屏障建设的科技支撑能力。

具体来说，支撑西部生态屏障建设的科技战略体系应以"构筑国家西部生态屏障、促进人与自然和谐发展"为战略目标，紧密围绕西部生态屏障建设的区域科技需求与领域科技需求，在已有科技布局基础上，强化顶层设计与系统整合，重点优化科技管理体制、科技领域方向、科技任务计划、科技力量组织、科技资源配置、科技基础平台等"六大布局"，增强生态环境科技创新整体效能，系统解决我国西部生态屏障建设中的科技问题，有效提升西部生态屏障建设的科技支撑能力。

一、优化科技管理体制布局

在优化科技管理体制布局方面，要加强科技管理体制顶层设计，探索建立西部生态屏障建设科技领导小组和部门联席会议机制，统筹跨区域、跨领域生态环境科技领域方向布局、科技任务计划凝练、科技力量组织、科技资源配置、科技基础平台建设等工作，推动中央与省市县各层级科技管理纵向协同、跨区域横向协作，以科技管理体制创新提高科技创新效能。探索组建西部生态科技咨询委员会，邀请相关区域和领域的战略科学家开展咨询研究，为科技战略体系持续优化提供决策参考。

二、优化科技领域方向布局

在优化科技领域方向布局方面，要根据西部生态屏障建设所涉及的重点领域，统筹提出重点科技领域和方向布局方案，重点加强生态系统保护修复、气候变化应对、生物多样性保护、环境污染防治、水资源综合利用等方面研究。根据西部生态屏障建设的重大科技需求，对科技领域方向布局进行动态调整和持续优化，补齐科技领域方向的短板，优化现有科技领域方向，加强不同领域方向之间的交叉融合。

三、优化科技任务计划布局

在优化科技任务计划布局方面，要统筹制定面向西部生态屏障的科技战略规划，设立西部生态屏障建设国家科技重大专项计划，针对西部生态屏障建设中的跨区域跨领域战略性重大科技问题、典型区域或领域的关键共性科技问题，以及基础性科技平台建设问题等，探索多层级科技任务凝练机制，持续优化科技任务计划的选题机制、组织协同机制、成果转化机制与科技评价机制，面向西部生态屏障建设国家动态需求，滚动形成阶段性科技任务计划。

四、优化科技力量组织布局

在优化科技力量组织布局方面，要坚持建制化与任务型相结合的布局原则，发挥科技攻关新型举国体制优势，打造面向西部生态屏障建设的全国重点实验室集群，组织建制化科技力量对西部生态屏障建设中的战略性重大科技问题开展长期、持续、系统的协同研究；探索建立灵活机动的任务型科技研发组织模式，采取揭榜挂帅和赛马制等方式，围绕西部生态屏障建设中的关键性科技问题和紧迫性任务，组建不同科研团队开展并行攻关，充分调动和激发各主体创新活力，形成开放合作、协同攻关的创新格局。

五、优化科技资源配置布局

在优化科技资源配置布局方面，要以西部生态屏障建设国家科技重大专项计划与战略任务为牵引，统筹利用中央与地方各级财政科技资金，健全多元化投入机制，引导企业和社会资金参与西部生态科技创新与推广应用。加快推动科技资源向重点区域和重点领域倾斜，补齐科技资源配置短板弱项。加强野外观测台站、科学仪器装备、多源科学数据等各类科技基础条件资源的共建共享，以提升科技资源利用效率。

六、优化科技基础平台布局

在优化科技基础平台布局方面，要基于中国生态系统研究网络、中国高寒区地表过程与环境观测研究网络（High-cold Region Observation and Research Network for Land Surface Processes & Environment of China，HORN）等，进一步优化整合现有隶属不同部门、不同机构的科学观测监测站点，新建空白区监测台站，织密观测网络，升级观测技术，加强台站信息化建设，应用卫星遥感、系留浮空器、科考机器人、无人机等观测监测技术及大数据处理等方法手段，整合构建地球系统多圈层、全要素、高分辨率的天地空一体化综合监测网络，以提高科学数据的精细化、完备性、实时性。

第三节 支撑西部生态屏障建设的科技战略体系建设目标

支撑西部生态屏障建设的科技战略体系，涉及对科技管理体制的改革创新，以及对现有科技领域方向、科技任务计划、科技创新力量、科技创新资源和科技基础平台的整合优化，因此应按照循序渐进的原则，明确科技战略体系建设的路线图、时间表和优先序。其阶段性目标具体如下。

到 2030 年，支撑西部生态屏障建设的科技战略体系初具雏形，初步理顺科技管理体制，现有科技领域方向布局更加合理，围绕西部生态屏障建设的国家科技计划设立并试运行，跨部门、跨机构、跨主体之间协同创新模式不断涌现，科技资源配置与科技任务布局更加协同，科技监测平台网络空白得到填补，初步形成支撑西部生态屏障建设的科技合力。

到 2035 年，支撑西部生态屏障建设的科技战略体系不断健全，科技管理体制运行顺畅，形成面向西部生态建设需求的科技领域方向布局，科技任务计划有效实施，科技瓶颈问题得到有效解决，不同科技力量的协同创新模式更加灵活高效，形成面向科技研发任务的科技资源配置机制，科技监测网络数据采集精度更高、数据共享利用更加充分，为我国西部生态屏障建设提供有效科技支撑。

到 2050 年，支撑西部生态屏障建设的科技战略体系日臻完善，科技管理体制高效运行，我国在生态领域科技方向布局全面、优势突出，形成科技任务布局面向生态建设需求、科技攻关组织方式适应生态科技研发、科技力量组织协同高效机动灵活、科技资源围绕科技任务有效配置的体系格局，科技监测平台有力支撑起高精度、长时空生态数据的采集，建成具有世界影响力的生态数据库，形成全面支撑我国西部生态屏障建设的强大科技力量。

第四章

科技支撑西部生态屏障建设的重大任务

面向西部生态屏障建设的国家战略需求、重点区域生态特色和重点领域发展趋势，采用矩阵式研究组织模式，经过多轮研判、校准和迭代，凝练形成未来需要重点关注的战略性重大科技任务、关键性科技任务和基础性科技任务（图4-1）。

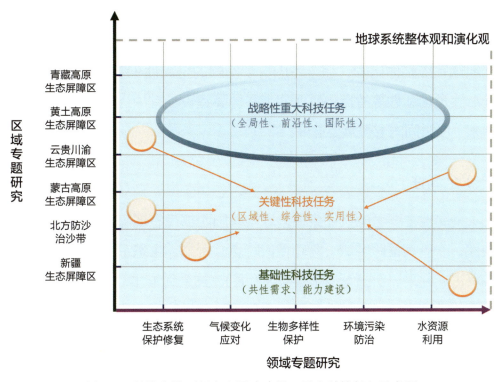

图 4-1　科技支撑西部生态屏障建设三层次科技任务示意图

第一节　三层次科技任务凝练原则与标准

在六大区域专题和五大领域专题研究的基础上，按照分层、分区、分类推进开展研究的思路，构建研判标准，对事关西部生态屏障建设的全局性、前沿性和国际性的战略性重大科技任务，关系某一单一区域和单一领域的特定性任务，以及共性基础平台和能力建设任务开展研判，形成西部生态屏障建设的三层次科技任务，有效提升西部生态屏障建设的科技支撑能力。

一、战略性重大科技任务凝练原则与标准

战略性重大科技任务面向我国西部生态屏障建设的现实与未来需求，从地球系统整体出发，综合考虑科学问题的全局性（跨区域、跨领域）、前沿性及国际性等特点，对西部生态屏障建设具有深远影响，并有望在未来一段时间内取得重要进展。

（一）全局性

全局性主要考虑该任务在全球与我国西部生态屏障建设中的特殊重要性，一般具备跨区域、跨领域的特点。例如，生态系统保护修复涉及内蒙古、甘肃、新疆等多个省（自治区），关系到华北、东北、西北乃至全国的生态安全。西部地区环境污染防治效果将直接影响全国乃至周边国家和区域的环境。

（二）前沿性

前沿性主要考虑该任务实现基础研究和应用研究突破的可能性及影响力。例如，我国在生物多样性的起源、演化与维持机制，物种濒危和演化适应机制等方面的研究与国际并驾齐驱，利用基因组和转录组、蛋白组等组学技术的能力位于世界前列[1]，未来这一领域的突破将进一步强化学科引领能力。

（三）国际性

国际性主要考虑该任务在国际大科学计划和大科学工程中的定位及

影响力。例如，"第三极环境"国际计划涵盖西部的水资源、应对气候变化与全球生态环境保护的国际合作，研究涉及多个国家的科研机构和大学等，相关"泛第三极"水循环和水资源演变及其影响涉及"一带一路"多个国家和地区。

二、关键性科技任务凝练原则与标准

关键性科技任务紧密结合西部生态屏障建设重点区域的典型特点和生态环境变化态势，着力解决某一领域或某一区域存在的特定问题，并与国家相关规划、科技计划等紧密衔接，具有区域性、综合性、实用性等特点。

（一）区域性

区域性主要考虑该任务的源头问题、影响范围和解决路径都在特定区域内。例如，"青藏高原生态修复新技术研发"任务旨在研发青藏高原生态屏障区生态修复现状判别与变化预判技术，需要解决的问题和技术应用均在特定区域。又如，"喀斯特地区碳汇生态服务价值与石漠化治理技术"研究主要聚焦于云贵川渝地区，旨在解决该地区面临的喀斯特石漠化治理与绿色高质量发展的问题。

（二）综合性

综合性主要考虑该任务解决的重点问题在学科和领域知识技术体系方面的综合程度。例如，"气候变化对西部地区生态系统的影响机制及适应管理技术"任务，不仅需要气候变化、生态系统等学科领域的知识，同时要对气候变化与生态系统耦合机理有深入认识。

(三)实用性

实用性主要考虑该任务所关注的重点问题对经济社会、绿色低碳、城市环境等产生的实际影响。例如,"成渝大型城市群水环境安全与绿色发展协同保障技术"任务主要针对快速城镇化与水环境安全的尖锐矛盾,系统解析典型污染物、新型污染物来源与行为,可用于解决农村–城市绿色发展与环境安全协同保障的问题。

三、基础性科技任务凝练原则与标准

基础性科技任务体现西部生态屏障建设中的共性需求、能力建设,侧重于各类科研仪器设备研制、调查–观测–监测–预警体系建设、数据综合集成分析平台搭建等涉及科技支撑能力的任务。

(一)共性需求

共性需求主要考虑区域和领域的共性平台和数据需求。例如,气象–水文–生态环境等体系相互关联、相互影响,数据采集、监视监测、预警预报、风险管理和决策支持是气候变化、水资源管理领域及各区域的共性需求,需要形成天地空一体化地球系统综合监测网络和大数据平台。又如,生态系统保护、生物多样性的调查监测和生物疫病风险防控等都涉及对植物、动物等主体和环境的监测,是具有类似生态特点区域的共性需求。

(二)能力建设

能力建设主要考虑科技如何更好地赋能西部生态屏障建设,强化科技平台支撑能力。例如,大数据、云计算、5G、生物技术、人工智能等多种新兴技术手段，以及科考机器人、无人机等新装备应用于西部生态屏障建设，可以显著提升科研数据采集分析能力，以及预报、预警等区域和领域综合治理能力。

第二节　战略性重大科技任务

项目组综合研究提出"地球系统多重变化下生态屏障风险与治理技术""半干旱环境敏感带在生态屏障建设中的关键作用"等战略性重大科技任务。这些任务需要重点关注，并持续研究。

一、地球系统多重变化下生态屏障风险与治理技术

我国西部生态屏障是由不同区域独特的岩石圈、生物圈、水圈、冰冻圈、大气圈、人类圈等多圈层相互作用形成的体系。地球系统变化对西部生态屏障具有重要影响，蕴含一系列战略性科技问题。

从地球系统观的视角出发，有针对性地开展地表系统各要素对生态屏障的风险研究，深化多圈层相互作用过程及影响的链式立体观测研究，查明气候变化和人类活动影响下中国西部生态屏障环境变化和风险并提出可持续发展的科学建议，摸清生态系统结构和功能现状与响应并提出科学应对举措，推动多部门协同联动，统筹科学实施山水林田湖草沙冰一体化保护和系统治理的技术体系集成并形成示范，既是融合科技前沿与国家战略需求、支撑西部生态屏障和生态文明高地建设的重要举措，也是实现联合国可持续发展目标（sustainable development goals，SDGs）的科学行动实践。

（一）关键问题

目前，地球系统多重变化下生态屏障风险与治理主要面临以下方面的问题。

1. 极端气象及其关联灾害加剧

西部地区极端天气气候灾害愈发频繁，造成了严重的经济损失和人员伤亡。例如，2022 年 8 月，受持续强降水影响，青海省多地发生暴雨洪涝灾害，基础设施受损严重，直接经济损失近 7 亿元；2023 年，云南省遭遇了 1961 年以来最强冬春连旱，持续干旱对云南农业、水资源调度、生态系统产生了严重影响，并引发多起森林火灾。未来，极端天气气候灾害将发生显著变化，更多地以"并发""链式"等复合灾害的形式发生，其致灾后果比单一灾害更加严重。这也对西部地区防灾减灾和气候变化应对工作提出了更高的要求和新的挑战。

2. 气候变化的生态环境影响加剧

作为"亚洲水塔"的青藏高原，正面临失衡的风险，可能会直接影响亚洲地区近 13 亿人口的淡水资源供给；冰川、冻土和高山积雪也已发生显著变化，且生态系统的结构、生产力、碳库潜力、脆弱性等也发生巨大变化。未来，气候变化对这些因素的影响将会更加剧烈。

3. 地球系统和人类活动的关联增强

实现中国式现代化，有保护与发展的问题，也有人与自然和谐共生的问题。这些问题本质上是地球系统与人类活动相互作用形成的。气候变暖已经确认了人类活动可以对地球系统产生巨大影响，进而影响人类自身。未来，在这两者相互作用中，如何正确调控人类活动对地球系统的影响，如何科学应对气候变化对人类社会的影响，是全世界共同面临的挑战。

（二）已有基础

针对这些问题，中央及地方高度重视并积极应对，制定和实施了一系列应对策略、措施和行动，并取得了积极成效，有力地提升了我国西部生态风险治理能力。

1. 中央层面

中央在西部地区部署了系列重大科学计划，有力地促进了西部地区生态文明建设。国家自然科学基金委员会先后部署了中国西部环境和生态科学、西部能源利用及其环境保护的若干关键问题，以及青藏高原地－气耦合系统变化及其全球气候效应等多个重大研究计划，有力地推进了西部地区生态环境相关问题的研究。"十三五"期间，科技部进一步推动实施了第二次青藏高原综合科学考察、全球气候变化及应对重点专项等多个科研任务，加强了气候变化及应对领域的科研力量和科技能力建设；持续推进西部大开发进程，积极参与和融入"一带一路"建设，构建西部多层次开放平台，开展青藏高原、西北农牧交错带、西南石漠化地区、长江和黄河流域等生态脆弱区气候适应工作，协同提高气候变化应对能力。"十四五"期间，进一步推进西部与东部科技合作，组织全国气候变化应对优势科研力量，构建西部碳储量评估与碳中和监测体系，实施北方防沙带生态保护和修复工程、"三北"防护林工程、退化草原修复技术集成与示范，发挥三江源国家公园示范引领作用，支撑我国西部生态屏障建设。

2. 地方层面

西部地区各级政府和部门积极探索低碳转型路径，推进绿色发展，提高气候变化适应能力。部分地方政府设立气候变化应对及低碳发展专项资金，积极培养并引进领域关键技术人才。借助"一带一路"国际合作平台，不断拓宽与周边国家在气候变化应对等领域的合作，初步建成了天地空一体化的生态环境监测网络，初步探索建立了与国内尤其是东部科研院所优势科研力量的协同创新机制。

中国科学院等科研机构在西部气候变化及应对领域进行了战略性部署，有力地保障了西部地区的发展。中国科学院在西部地区拥有多家科研实力雄厚的科研机构，如西北生态环境资源研究院、新疆生态与地理研究所、地球环境研究所等，并有冰冻圈科学与冻土工程重点实验室、环境地球化学国家重点实验室，在西部生态屏障建设中体现了科技"国家队"的责任担当。"十三五"期间，为推进生态文明建设、实现美丽中国的目标，中国科学院前瞻布局"美丽中国生态文明建设科技工程""泛第三极环境变化与绿色丝绸之路建设""创建生态草牧业科技体系"等多个战略性先导科技专项任务。

（三）重点任务

未来，地球系统多重变化下生态屏障风险与治理需要兼顾自然过程剧变和人类活动加剧双重作用因素，更加科学精准地提出系统方案和工程举措。具体需开展以下工作。

1. 西部气候变化与北极放大效应的动力学联系及其圈层间耦合机制研究

分析历史时期和未来西部地区暖湿化演变特征，研究西部地区气候和极端气候多尺度变化规律，厘清西部地区气候变化事实。研究北极增暖与北极冰—气系统变化对西部气候变化的影响及其动力学过程，明确西部气候变化与北极放大效应的动力学联系。从海洋—大气—陆地多圈层相互作用角度研究其对西部地区气候变化的影响及其关键物理过程，研究青藏高原的水热过程变化及其对西部地区气候变化的影响机制。

2. 抢占地球系统链式响应及影响科技制高点

揭示气候－环境－人为作用下的青藏高原地球系统多圈层变化和链

式响应及影响，评估中国西部生态屏障建设面临的风险，并提出应对战略。开展地球系统多重变化影响下的生态屏障风险与战略应对，实现地球系统科学理论的突破，建立地球系统科学研究范式，为地球系统科学理论发展做出中国贡献，支撑西部地区可持续发展和生态文明高地建设。

3. 开展环喜马拉雅国际合作

以推进环喜马拉雅地球系统综合集成研究为科学目标，立足区域放大效应和广域联动，开展有组织、有分工、有协作的系统集成研究，引领地球系统科学前沿，支撑国家生态文明建设，服务全球生态环境保护。面向气候变化影响下环喜马拉雅地区环境变化与影响及应对这一全球共性挑战，提供人类命运共同体建设的科学智慧；面向环喜马拉雅环境与地球系统变化不确定性研究这一重大科学前沿问题，实现地球科学研究新突破。

二、半干旱环境敏感带在生态屏障建设中的关键作用

（一）半干旱环境敏感带的特点

年降水量 200～500 毫米的半干旱环境敏感带是我国气候由半湿润向半干旱、植被由森林草原向草原荒漠的过渡地带，地貌上处于我国地势第二阶梯和第三阶梯的接合部，分布有黄土、沙漠、草原和森林草原交错的地貌景观。这一半干旱环境敏感带的人口、资源、环境承载力对气候变化和人类活动十分敏感，受全球气候变化影响显著。1980～2020 年，我国半干旱区年平均降水量约为 360 毫米，年均降水增幅为每年 0.3 毫米，半干旱水文气候带西进北迁超过 100 公里。该区域水热条件相对良好，是我国西部生态屏障植被恢复和重建的重点区。

年降水量 200～500 毫米的半干旱环境敏感带（面积约 220 万平方公里）是我国西部大开发的重要经济带，是突破"胡焕庸线"的重点区

域。该区域牛羊肉和奶制品产量约占全国总量的 50% 和 70%，煤炭、石油、天然气和有色金属资源丰富，煤炭储量占全国总量的 70% 以上，天然气占全国总量的 1/3 以上。截至 2022 年底，半干旱带 13 省 489 县总人口约 1.8 亿，占全国总人口的 12.8%；地区生产总值约 13.3 万亿元，约占国内生产总值的 11%。在全球变暖背景下，半干旱带在我国西部生态保护和经济发展中的重要性日益突出。新一轮西部大开发政策的实施，有利于东部的创新资源和资本融入这一地带，促进西部地区经济社会发展。

年降水量 200～500 毫米半干旱环境敏感带是我国西部生态屏障的"压舱石"和关键调控带。该带连接青藏高原、黄土高原和内蒙古高原，拥有三江源、祁连山、贺兰山等多个国家公园和国家重点生态功能区，构成了我国主要的生态屏障。当前，年降水量 200～500 毫米半干旱环境敏感带荒漠化、水土流失、沙尘暴等生态环境问题形势严峻，是我国荒漠化防治（包括黄河"几字弯"攻坚战和科尔沁、浑善达克两大沙地歼灭战）的主战场，蒙古国和我国西部沙尘暴东移、南下的路经区，也是黄河流域生态保护的重要生态区和三江源生态保护重点区。因此，当前要抓住气候暖湿化机遇，加强这一地带的生态环境保护和修复，及时调整和优化产业结构和布局，筑牢西部生态屏障。

（二）半干旱环境敏感带需要重点关注的问题

当前，我国半干旱环境敏感带需要重点关注以下问题。第一，加强气候变化趋势的预测，尤其是未来十年、百年尺度我国西部气候变化的趋势及生态环境影响，提前制定应对措施；第二，尊重自然规律，合理规划经济活动规模和重大生态／调水工程；第三，将西部生态屏障建设与国家"双碳"目标相融合，增强西部地区清洁能源发展潜力和固碳增汇能力；第四，将西部生态屏障建设与水资源合理利用相融合，发展新质生产力，做到精准"四水四定"[①]和"以水定绿"。

针对上述问题，中央及地方已积极开展部署。1955～2020年，水利部、中国科学院先后组织了四次黄土高原综合考察。2023年，中国科学院地球环境研究所和长安大学发起黄河全流域综合科学考察活动，拉开第五次科学考察的帷幕。中国科学院、水利部、科技部先后部署多个科研机构，联合推进黄土高原地质、地理、水利、水保、旱地农业观测与研究工作，科技支撑黄土高原生态屏障区建设。例如，1995年，黄土与第四纪地质、黄土高原土壤侵蚀与旱地农业两个国家重点实验室通过国家验收。

（三）未来工作重点

未来，应持续深入开展半干旱环境敏感带研究工作，阐明我国西部地区尤其是半干旱带未来气候变化的趋势，筑牢我国西部生态屏障建设科学基础。

1. 深入开展全球气候变化研究，预测我国西部十到百年尺度气候变化趋势

尽管关于近期西北气候暖湿化的事实已明确，但对于其未来变化趋势特别是极端气候事件的频率和强度仍存在很大不确定性，对其可能造成的环境影响和生态风险也知之甚少。需要深入开展全球气候变化研究，阐明我国西部尤其是半干旱带未来气候变化的趋势，揭示气候暖湿化能够持续多长时间（十年还是更久），确定气候变化影响的区域，积极提升极端气候事件的监测、预报、预警能力，预防天气气候极端化带来的不

---

① "四水四定"是指以水定城、以水定地、以水定人、以水定产。"四水四定"的核心内涵，就是要将水资源开发利用限定在水资源承载力范围内，既要保障社会经济高质量发展，又要让生态环境得到有效保护。"四水四定"既是编制、实施各类涉水规划的重要原则，也是推动水资源集约节约利用、破解水资源瓶颈的关键举措。

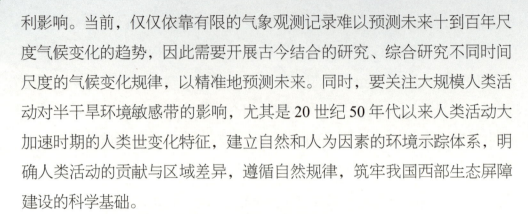

利影响。当前，仅仅依靠有限的气象观测记录难以预测未来十到百年尺度气候变化的趋势，因此需要开展古今结合的研究、综合研究不同时间尺度的气候变化规律，以精准地预测未来。同时，要关注大规模人类活动对半干旱环境敏感带的影响，尤其是 20 世纪 50 年代以来人类活动大加速时期的人类世变化特征，建立自然和人为因素的环境示踪体系，明确人类活动的贡献与区域差异，遵循自然规律，筑牢我国西部生态屏障建设的科学基础。

2. 大力发展新质生产力，促进绿色产业发展

长期以来，西部生态屏障建设投入高、经济收益低，生态与经济无法高效协调发展，这成为阻碍西部生态屏障建设的重要瓶颈之一。在半干旱环境敏感带发展新质生产力，一个重要的标准是既能改善生态环境，又能产生较好的经济效益。为了实现高质量发展的目标，需要推进大数据、人工智能、物联网等基础建设，在实现区域数字化、智能化、高速化、新旧动能转换的基础上，创新引领催生颠覆性技术，进而促进绿色产业发展。例如，针对该区域大规模矿产资源开发导致的巨量尾矿堆积问题，大力发展固废全量资源化利用等技术，突破尾矿治理的难题，保护生态环境，提升经济效益，实现环境保护、资源利用和经济增长的共赢；充分利用西部的风光资源，大力发展清洁能源，如光伏发电、风力发电等，为实现"双碳"目标做出西部贡献。

3. 将"半干旱带的生态保护与绿色发展"提升为国家重大发展战略

新时代推动西部大开发，形成新格局，将年降水量 200～500 毫米的半干旱环境敏感带作为西部生态屏障建设的重点区域，亟须加速该区域的生态保护与绿色发展。融合青藏高原生态屏障、黄土高原生态屏障、黄河流域重点生态区、北方防沙带等生态服务功能，开展半干旱带生态保护与绿色发展科技专项研究，科技支撑打赢打好黄河"几字弯"攻坚战和科尔沁、浑善达克两大沙地歼灭战，将半干旱带打造成为我国西部

生态屏障的战略高地。强化生态建设与水资源高效利用相融合，大力发展节水林草，推进深度节水控水行动；利用半干旱带植被重建的良好条件，强化西部生态系统的固碳能力。对接国家区域重大发展战略，统筹"新时代西部大开发""东北全面振兴""中部地区崛起"等战略，把"一带一路"、中蒙俄经济走廊等发展贯穿起来，面向高质量发展目标，充分利用现代信息技术，融合区域优势，推进经济社会可持续发展。

三、西部生态保护修复和自然资源保护管理

内蒙古、甘肃、新疆生态屏障区受到气候变化和人类活动的剧烈干扰，生态环境极为脆弱，生态功能退化，生物多样性下降、湖泊面积减少、水资源短缺、风沙危害严重、矿产资源过度开采等给局部区域带来严重的环境污染问题，历来是我国生态系统保护修复的重点、难点区域。

（一）面临的主要问题

当前，西部生态保护修复和自然资源保护管理仍面临着一系列问题，主要表现为以下方面。

1. 生态脆弱、稳定性低

受地形、水分与土壤特征的影响，西部地区生态环境脆弱。西部生态高度敏感以上区域面积 131.13 万平方公里，占西部土地面积的 19.50%，占全国生态高度敏感以上区域面积的 93.02%。其中，西部风蚀、水蚀、石漠化与冻融侵蚀高度敏感以上区域面积分别为 92.36 万平方公里、26.57 万平方公里、2.16 万平方公里与 10.90 万平方公里，分别占全国的 99.96%、73.36%、92.32% 与 100%，并形成了干旱半干旱区风沙区、黄土高原水土流失严重区、西南石漠化区、西南山地干热河谷地质灾害高发区、青藏高原高寒生态脆弱区等，是我国沙化、水土流失、

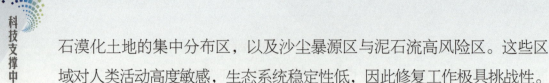

石漠化土地的集中分布区，以及沙尘暴源区与泥石流高风险区。这些区域对人类活动高度敏感，生态系统稳定性低，因此修复工作极具挑战性。

2. 生态系统质量低、可持续性差

由于长期的开发与利用，西部地区森林生态系统质量低，优良等级的森林面积仅占全部森林面积的 28.38%，中等级及以下的森林面积占 71.62%，约 46% 的森林质量差或很差。西部地区草地生态系统退化情况也很严重，优良等级的草地面积占全部草地面积的 28.74%，中等级及以下的草地面积占 71.26%，55.6% 的草地质量差或很差，质量低的草地主要分布在青藏高原西部、内蒙古西部与新疆。

3. 土地退化面积广、治理难度大

西部地区土地退化面积占比与退化程度远高于全国其他地区。2020 年，由于土地沙化、水土流失和石漠化，西部地区土地退化总面积 247.47 万平方公里，约占区域面积的 36.81%。

西部土地沙化面积大。2020 年，西部地区土地沙化总面积为 173.01 万平方公里，约占区域面积的 29.63%。其中，沙漠 / 戈壁面积达 82.73 万平方公里，约占土地沙化总面积的 47.82%；重度和极重度沙化面积为 35.22 万平方公里，占沙化总面积的 20.36%。

水土流失分布广。2020 年，西部地区水土流失总面积为 91.52 万平方公里，约占区域面积的 13.61%。[2] 其中，重度和极重度水土流失面积为 16.29 万平方公里，占水土流失总面积的 17.80%。石漠化主要分布在贵州、云南、广西、四川和重庆 5 省（自治区、直辖市）的喀斯特地区，总面积为 6.01 万平方公里 [3]，中度与重度石漠化面积分别占石漠化总面积的 41.58% 与 6.55%，重度石漠化主要发生在云南东南部和东北部与贵州交界处。

4. 动植物濒危物种数量多、丧失风险大

西部地区生物多样性丰富，其中我国西南山地、喜马拉雅山都属于

全球生物多样性热点地区。然而，长期以来人类的开发利用与干扰，导致栖息地丧失与破碎化严重，使得许多野生动植物濒临灭绝。据不完全统计，西部地区列入受威胁等级的物种数达 2325 种，占全国受威胁等级物种总数的 49.5%。其中，绿孔雀、白头叶猴、云南闭壳龟等 82 种物种野外数量稀少，被列为极度濒危物种。

相关科研机构在生态安全格局构建、水安全、粮食安全构建等方面具有长期的研究基础，但尚未建立生态安全与其他安全要素的协同科技保障机制。

（二）未来工作重点

未来，西部生态保护修复和自然资源保护管理需要研发退化生态系统治理技术、山水林田湖草沙冰一体化保护和系统治理技术，提出生态系统服务供给与生态安全的关系、生态屏障的构建与优化方法、生态空间与生态保护红线、以国家公园为主体的自然保护地体系优化与管理措施和政策等。

1. 开展山水林田湖草沙冰一体化保护和系统治理

基于山水林田湖草沙冰一体化保护和系统治理机制，明确多个生态系统的空间格局及耦合机制，综合提出区域／流域内不同生态系统要素最佳位置格局，以支撑中国西部生态屏障建设的重大需求。

2. 强化西部生态安全与其他安全要素的协同科技保障

围绕生态安全与其他国家安全要素开展研究，重点方向包括生态安全－水安全－粮食安全、生态安全与能源安全、生态安全与边防安全的互作关系，提出生态安全－粮食安全－水安全－能源安全－边防安全的多安全协同保障体系。

3. 推进西部地区生态系统保护修复与高质量发展

重点围绕西部地区生态系统保护修复与生态产品供给之间的关系、

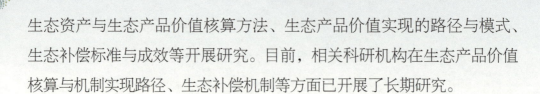

生态资产与生态产品价值核算方法、生态产品价值实现的路径与模式、生态补偿标准与成效等开展研究。目前，相关科研机构在生态产品价值核算与机制实现路径、生态补偿机制等方面已开展了长期研究。

四、新疆荒漠化土地综合治理和改造利用

新疆沙化土地集中连片、沙尘源区范围大、风沙活动线长，因此新疆防沙治沙具有长期性、艰巨性、反复性和不确定性特征，这为新时代新疆生态屏障区建设带来了一系列新的挑战。2023 年 6 月，习近平总书记在内蒙古主持召开加强荒漠化综合防治和推进"三北"等重点生态工程建设座谈会上强调，要全力打好河西走廊—塔克拉玛干沙漠边缘阻击战，全面抓好祁连山、天山、阿尔泰山、贺兰山、六盘山等区域天然林草植被的封育封禁保护，加强退化林和退化草原修复，确保沙源不扩散。[4] 发挥科技支撑作用，加强以防沙治沙为主攻方向的新疆生态屏障区建设，实现防沙治沙、经济发展、民族团结等高度耦合，推进新疆人与沙漠和谐，对新疆生态文明建设和区域可持续发展具有极其重要的战略意义。

（一）面临的主要问题

新疆是我国西部生态屏障建设的前沿阵地，是新时代我国防沙治沙的主要战场，以河西走廊—塔克拉玛干沙漠边缘阻击战为核心的新时代防沙治沙面临一系列严峻挑战，新疆防沙治沙高质量发展亟待科技支撑。具体包括：①新疆生态屏障建设取得一系列成效，但受气候变化和人类活动影响，风沙危害形势没有发生根本性基础性改变；②新疆干旱多风，缺水多沙，风沙环境区域差异显著，风沙危害类型程度不一，治理难度加大；③面向新时代防沙治沙要求，新疆生态屏障区建设尚

存在"盲区""卡点",如困难立地造林、生态用水缺口及防沙治沙规模化、体系化有待强化;④新疆盐渍化耕地占比超过 42%,在南疆,盐碱化耕地面积占耕地面积的比例更高,达到了 49.6%,耕地盐渍化已成为制约新疆农业可持续发展的关键因素之一;⑤新时代"三北"工程作为国家重大战略,有待与中央治疆方略有关生态环境建设无缝对接,特别是防沙治沙工程与大美新疆建设项目有机衔接。因此,应着眼创造新时代防沙治沙新奇迹,研究提出新疆沙漠边缘阻击战科学方案,为实现新疆防沙治沙的规模化、体系化、高标准、高质量提供战略支撑和路径选择。

(二)近年来取得的主要成绩

近年来,我国中央和地方层面加大了对荒漠化土地的综合治理和改造利用,在基础理论、关键技术、战略研究方面取得了一定的成绩。

1. 基础理论方面

在基础理论方面,中国科学院新疆生态与地理研究所承担完成"塔克拉玛干沙漠南缘不同形态沙丘局地共存的发育机制研究""干旱区水文过程及驱动机制""干旱区水 – 生态响应机理研究""固沙植被稳定性的生态 – 水文模拟与阈值界定""干旱区陆面过程与气候变化"等基础理论研究项目,在风沙运动规律、生态 – 水文过程、固沙植被稳定性等方面取得了一批新的研究成果。

2. 关键技术方面

在关键技术方面,中国科学院新疆生态与地理研究所承担完成"塔里木盆地西南缘生态综合整治关键技术开发与示范""南疆苦咸水资源化利用关键技术集成与产业化示范""干旱荒漠区生态保育与维持技术集成与应用""盐渍化土地植被恢复重建关键技术研发与集成示范""新疆沙漠经济发展与生态环境保护技术研究""盐渍化低产田生产力提升关键技术研发与示范""新疆干旱区盐碱地生态治理关键技术研究与集成示范"等国家、中国科学院、新疆维吾尔自治区等各级各类科技计划任务项目，在沙漠经济发展、盐碱地生态治理、苦咸水资源化利用、内流河流域生态整治等方面研发形成了关键技术模式。

3. 战略研究方面

在战略研究方面，中国科学院新疆生态与地理研究所承担完成中国科学院特别专项"新疆可持续发展战略研究"、新疆维吾尔自治区林业和草原局项目"新疆防沙治沙的科学评估与发展战略研究"等。特别是第三次新疆综合科学考察"塔里木河流域干旱与风沙灾害调研和风险评估""昆仑山北坡水资源开发潜力及利用途径科学考察""塔里木河流域产/需水要素变化与水安全格局调查""荒漠生态系统构成要素及极端环境特殊生物种质资源调查"等项目极大地支撑了新疆生态屏障建设区的可持续和高质量发展。中国科学院新疆生态与地理研究所沙漠研究团队完成了系列研究报告，包括《新疆沙化土地时空格局与新时代防沙治沙战略研究报告》《新疆防沙治沙阻击战科学方案——风沙形势与重点任务》《河西走廊—塔克拉玛干沙漠边缘阻击战科技攻关》等，撰写提交了《关于"加快推进新时代新疆防沙治沙科学规划和战略布局，打造人与沙漠和谐共存的新疆防沙治沙新格局"的建议》《关于加快推进新疆防沙治沙高质量发展的建议》《持续改善生态环境质量，让风沙源变成幸福园——以新疆生态环境保护修复为例》《统筹推进新疆沙漠锁边工程的科学基础与工程布局》等咨询建议报告。

（三）未来工作重点

未来，新疆荒漠化土地综合治理和改造利用应以"流沙不外侵绿洲，尘源得到有效防控"为核心目标，以阐明新疆"风、沙、尘"时空格局和沙化土地风险特征为科学基础，以生态用水、沙漠锁边、困难立地造林、产业治沙等为技术支撑，研究确定新疆防沙治沙阻击战的重点任务区，提出沙漠锁边工程和补充工程。针对新疆沙化和盐碱地集中连片分布及其危害风险与利用潜力并存的特点，统筹风沙危害与盐碱危害系统治理、沙漠产业与盐土产业协同发展，打造以科学治沙、综合改盐为核心的"金沙银漠"科技示范工程。

1. 开展沙漠锁边科技示范工程

重点任务包括研究沙漠边缘效应与风沙过程、风沙口治理模式、活化沙丘固定与群落重构、戈壁大风区防护体系建设模式、沙漠—绿洲过渡带植被稳定、沙漠锁边工程与产业融合发展模式。

2. 开展盐土产业科技示范工程

重点任务包括研究不同尺度水盐运移规律及调控理论、盐生植物种质资源库建设与耐盐碱特色品种创制、盐碱耕地降盐消障与肥沃耕层创建、重度盐碱地适生种植与改良利用、盐碱地农业废弃物资源化利用、盐碱地综合改造利用工程化与粮棉油畜产业化模式。

3. 开展咸水挖潜科技示范工程

重点任务包括研究地下咸水动态过程、空间格局与基础储量、地下咸水开发利用潜力及生态环境效应、微咸水灌溉安全调控技术与产品、咸水灌溉造林与植被建设、规模化低成本咸水淡化处理与生态利用、咸水养殖与循环特色产业建设、规模化咸水资源化利用的科学方案和技术途径。

4. 开展光伏生态科技示范工程

重点任务包括研究光伏建设的生态效应与环境影响，光伏基地防护体系建设与植被恢复，沙漠、戈壁、荒漠地区林光互补、草光互补、水光互补，光伏＋治沙治盐技术集成与可持续管理模式，生态环境导向的开发模式（eco-environment-oriented development，EOD）。

五、西部地区环境污染防治与生态安全管理协同和高维决策

西部地区是我国主要的江河发源地,也是资源、能源集中分布区,因此被视为全国的生态安全屏障。然而,由于西北地区自然条件相对恶劣,加之人为破坏严重,该地区成为我国生态环境最脆弱的地区。确保西部生态安全和经济社会可持续发展,探索多目标跨行业全过程的污染协同防控理论与技术体系,是国家西部生态建设的重大战略性和全局性需求,对于完善生态安全格局,实现"双碳"目标、"双重"规划、能源战略,以及推动区域高质量发展具有重要意义。

(一)已取得的成绩

"十三五"时期以来,西部地区土壤环境质量总体稳中向好。通过实施"蓝天保卫战",该区域环境空气质量明显提高,平均空气质量指数(air quality index,AQI)优良天数比 2016 年上升超过 9%。"碧水保卫战"中,通过"工业污染防治、生活污水治理、湖泊保护治理、长江(黄河)流域水系保护修复、饮用水水源地保护"等行动,西部省份监测断面地表水质均有大幅提升。"净土保卫战"中,发布了《土壤污染防治行动计划》,对土壤污染重点行业开展土壤污染状况调查,掌握了重点行业企业用地污染地块分布及其环境风险情况。依据各省(自治区)农用地土壤详查成果,完成了土壤环境质量类别划定、受污染耕地安全利用、种植结构调整或退耕还林还草及治理修复等工作。受污染耕地安全利用率达到了国家下达给各省(自治区)的目标任务,土壤环境质量明显改善。

在水污染防治方面,云南滇池、洱海和内蒙古"一湖两海"被作为全国重点研究示范区,依托国家和地区两级科技计划的实施,针对水生态环境保护的重大技术瓶颈开展了联合攻关和科技成果示范。西部生

态屏障区是长江、黄河的源头和上游，在长江和黄河大保护的背景下，"十四五"期间中央和地方对长江、黄河等重点流域水资源与水环境综合治理加大投入力度。

在大气污染防治方面，生态环境部组织国内优势学科单位联合开展了大气重污染成因与治理攻关项目，先后资助了"陕西关中城市群大气污染联防联控技术集成与示范"项目、"成渝地区大气污染联防联控技术与集成示范"项目，极大地促进了京津冀区域乃至华北平原、汾渭平原地区的空气质量改善。此外，大气污染成因与控制技术研究重点专项还针对西部地区有色金属冶炼、燃煤发电、农牧产品生产等重点行业大气污染物排放和控制设置了一批重大项目。

在土壤污染防治和固体废物处置方面，针对西部生态屏障区普遍面临的重金属超标、固体废物处置困难等问题，国家于 2016 年发布的《土壤污染防治行动计划》明确把四川、贵州、云南、内蒙古、新疆、陕西、甘肃等西南和西北省（自治区、直辖市）作为土壤污染防治重点区域，优先组织开展治理与修复工作。中国科学院南京土壤研究所、新疆生态与地理研究所分别牵头承担了多个国家重点研发项目。在"固废资源化"国家重点研发专项中，对西南有色金属产业聚集区固废综合处置和西藏地区城市多源固废综合处置开展了攻关，这为西部地区环境污染防治提供了重要的科技支撑，并培养了科技人才。

（二）面临的主要问题

当前，我国西部地区第二产业占比大，高能耗、高排放、低效能等问题并存，转型升级难度较大。在全球能源转型和环境污染防治科学发展背景下，如何统筹新能源产业的发展与新污染物及传统污染物的防治是重点难点。

1. 西部环保科技力量与其战略地位存在结构性矛盾

西部生态屏障在国家生态文明建设、乡村振兴、美丽中国等重大国家战略，以及"一带一路"倡议中都具有十分重要的地位，但相关地区环保科技能力水平与科研力量难以满足国家重大战略布局需求。西部地区经济相对落后，中央及地方对西部地区环境保护领域的资金投入相对不足。各地区间传统及新污染物监测技术水平和管理能力参差不齐，部分行业存在落后产能过剩、绿色贸易壁垒等问题，也阻碍了减污降碳及新污染物治理能力的整体稳步提升。

2. 环保科技支撑西部生态屏障建设缺乏总体战略布局

支撑西部生态屏障环保科技发展的战略布局不够明确，缺乏顶层设计和长期规划。创新主体功能定位存在一定的交叉和重复，科研院所的国家使命导向还不够，高校科研组织的体系化水平有待提高。基础研究投入总量和结构均存在不足，尚未形成适应部分领域成为"领跑者"、进入"无人区"的机制。缺乏将环保科技与西部生态屏障建设相结合的全局规划，存在分散和重复建设的情况，使得环保科技支撑项目缺乏战略性、系统性。以新污染物为例，由于新污染物的种类繁多，目前的研究项目多数针对某一固定种类的新污染物，协同效应不足。

3. 尚未完全厘清"经济发展与环境保护"之间的关系

西北生态屏障是传统能源资源富集区，长期形成了以高耗能工业行业为主的工业发展格局，存在转型升级难度大的困局。一方面，西北地区用水、节水效率较低，部分地区存在经济社会用水大量挤占生态用水等问题，生态环境承载力与经济社会发展的局部失衡严重制约区域高质量发展。另一方面，为实现碳减排，我国在西部地区深入推进了太阳能、风能等清洁能源发展。新能源使用对环境并无明显污染，但纵观其全生命周期，新能源组件生产制备、运行使用及废弃过程中的化学品安全与生态环境影响必将是未来不可回避的重大科学和社会问题。此外，在推进新能源、新技术快速发展过程中也可能带来新的环境问题，大量废旧电池的回收处置、新材料的合成与应用等带来新的化学品污染风险需要高度重视。

（三）未来工作重点

未来，西部地区环境污染防治与生态安全管理需要以"生态文明建设与可持续发展"国家战略为核心，统筹美丽中国战略、乡村振兴战略、新污染物治理战略、"双碳"目标，以及"一带一路"共建国家和西部生态屏障建设中的污染防治、经济社会高质量发展，确定西部生态屏障战略性科技布局重点方向。

1. 探索环境污染控制、资源循环利用及生态保护与风险控制的基本原理、技术方法和管理对策

统筹典型区域污染特征、能源产业结构、经济社会发展和复杂特殊自然环境，研究大气圈—水圈—生物圈中的污染发生机制与生物地球化学过程、污染物的自然与人为削减行为与机制；构建污染环境承载力与社会经济发展、生态、气候之间的耦合响应机制；建立科学有效的生态风险评估体系，形成符合区域特点且具有较强可操作性的源头控制和管理手段。

2. 夯实经济社会持续发展、资源环境高效利用及人民健康充分保障的科学基础

聚焦环境化学与地球科学的前沿问题，协调区域性突出环境问题和生态可持续发展、偶联经济社会发展和健康效应开展多尺度研究，厘清关键影响因素及潜在机制；构建西部生态屏障联防信息化和智能化服务体系，发展人工智能和大数据分析技术，关注绿色生产及绿色替代过程中潜在的新污染物问题，为环境污染防治动态、科学决策提供数据支撑。

3. 西部地区生态安全屏障构建与管理

重点围绕生态系统服务与生态安全的关系、生态安全屏障的构建与优化方法、生态空间与生态保护红线的划定与管理等开展研究。该研究对于完善和落实主体功能区制度、构建完备的生态安全格局和保障体系具有重要意义。

六、西部生物多样性起源与格局及保护

西部地区生物多样性高度富集，且生物区系成分复杂，是生物多样性演化的"摇篮"。丰富的生物多样性是维持区域生态系统健康和生态系统服务供给的重要基础，对确保我国生态安全和社会及经济可持续发展具有重要的战略意义。近年来，我国西部地区生态环境发生重大变化，西北暖湿化、"亚洲水塔"失衡、北方防沙带变化等都是西部生物多样性保护所面临的严峻挑战。

尽管西部地区分布有超大型自然保护区群，但保护地的体系空间布局不合理，关键生物多样性区域被保护的占比仅为56.8%，存在大量保护空缺，一些珍稀濒危物种的栖息地尚未得到有效保护。此外，由于地形复杂和交通困难等现实问题，仍然存在很多调查薄弱甚至空白区域。如何建立系统的就地和迁地相结合的保护体系，仍是当前需要重点解决的战略性科技问题。

（一）已取得的成绩

我国在生物多样性领域已开展系列布局。在第二次青藏高原综合科学考察研究、中国科学院战略性先导科技专项"大尺度区域生物多样性格局与生命策略"、国家自然科学基金重大项目"中国 – 喜马拉雅植物区系成分的复杂性及其形成机制"等基础上，进一步开展全局性、系统性

研究，包括"第二次青藏高原综合科学考察研究"任务五——生物多样性保护与可持续利用、国家科技基础条件平台项目等资助的"中国西南地区极小种群野生植物调查与种质保存"等。生态环境部也布局了生物多样性调查与评估项目，如横断山脉南段生物多样性保护优先区域生物多样性调查、观测与评估专题等。中国科学院布局了战略性先导科技专项项目，如"泛第三极环境变化与绿色丝绸之路建设"等。在此基础上，围绕西部生物多样性和生态安全的需求，有针对性地布局研究计划，凝聚力量解决西部生物多样性重大科学理论问题和关键技术。

（二）未来工作重点

尽管我国在生物多样性方面的相关研究工作已取得了重要成果，但在全球生物多样性保护和生态系统前沿与关键科学问题的解答上仍有不足，存在资料老旧杂乱、科研力量不足等问题。在特定物种或特定类群保护方面的相关研究仍然较为缺乏，对于物种保护也缺少遗传层面上的深度理解。针对总体多样性格局和演化的研究仍十分薄弱，大多研究局限于某一行政区，缺乏区域层面的系统研究；大多以单一类群（属级）或物种为研究对象，而缺乏科级类群的系统性研究；大多数特有种几乎未开展相关工作，基础资料仍然极为缺乏。一些针对重大工程，如川藏铁路、雅鲁藏布江下游水电开发的生物多样性影响和保护修复科研项目也正在部署。但总体而言，相关研究仍处于起步阶段，缺乏系统性，特别是未来大规模风电、光伏电站的建设对西部生物多样性的影响和应对还很少受到关注。

未来，生物多样性保护领域要坚持保护优先、自然恢复为主的总体指导思想，结合西部生态屏障重要功能关键区建设、生态系统保护修复、气候变化应对和水资源综合利用等领域的工作，在生物多样性基础研究、有效保护等重要领域进行战略布局，进一步提升科技对西部生物多样性

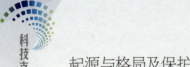

起源与格局及保护的支撑力。

1. 西部生物多样性起源与格局形成、物种形成的关键机制等重大理论问题研究

以全球生物多样性热点地区（"中国西南山地"和"东喜马拉雅"）为重点，实施深入科学考察和数据采集，利用现代基因组学、转录组学等多组学技术，探究驱动生物多样性快速演化进化的关键创新机制，解析西部地区生物多样性高度富集的成因及新种形成及稳定机制，为西部生物多样性保护和生态安全屏障建设提供理论支持。

2. 西部地区生物多样性有效保护的实现路径研究

立足科技支撑西部生态屏障建设的战略需求，面向生物多样性保护的全球科技前沿，重视物种的遗传多样性保护，实现生态系统、物种、遗传三个层面保护的有效结合。加强旗舰物种、珍稀濒危物种和极小种群野生植物保护，以及种子生物学等关键技术的研究。在准确识别中国西部生物多样性保护关键区和保护空缺的基础上，提出以国家公园为主体的自然保护地体系和国家植物园体系布局方案。

3. 西部地区协同推进生物多样性保护与应对气候变化战略研究

生物多样性丧失与气候变化是全球面临的两大生态问题。在西部地区，这两大问题表现得尤为突出，开展相关研究对于推进中国履行《联合国气候变化框架公约》和《生物多样性公约》具有重要意义。研究重点包括气候变化与生物多样性丧失的关系、生物多样性对气候变化的响应与适应、生物多样性保护与应对气候变化战略的协同推进机制等。目前，相关科研机构已在生态系统及珍稀濒危物种保护、自然保护地体系建设、青藏高原生态系统及野生动植物物种对全球气候变化的响应与适应等方面开展研究。

4. 重大基础设施建设与生物多样性保护之间的关系研究

开展重大能源、交通基础设施、大型可再生能源电站建设和管理全生命周期对濒危与特有物种繁衍生息的影响评估，提出工程建设与管理全生命周期生物多样性保护和修复的科学方案；研究受工程破坏的重点野生动植物栖息地和生态廊道修复方案。

七、"泛第三极"水循环变化、水资源效应

"第三极"水系是我国西部生态屏障建设的重要保障。以青藏高原为核心的"第三极"及受其影响的东亚、南亚、中亚、西亚、中东欧等"泛第三极"地区，面积 2000 多万平方公里，涵盖 20 多个国家的 30 多亿人口，是"一带一路"的核心地带和全球人口分布最密集区，而水资源短缺、自然灾害频发、生态系统巨变等重大环境问题严重制约了该地区资源环境与经济社会发展的可持续性，是国家"一带一路"倡议实施面临的重大挑战。开展"泛第三极"水循环变化、水资源效应及其气候变化机制的研究，是正确认识气候变化背景下"泛第三极"地区水系统演变和区域气候调控作用的科学基础，是科学规划下游水资源的利用与开发的重要前提，也是预防与应对相应水灾害的重要指导依据。未来，随着气候变化影响的持续发展，跨境流域水资源可持续利用与保护将成为更加严峻的区域性和全球性挑战，亟须跨国甚至全球合作，以提升跨境流域水资源监测预报能力和区域水权益保障能力。

（一）已取得的成绩

1986 年以来，围绕青藏高原水循环和水资源科技问题，中国科学院、科技部、国家自然科学基金委员会等先后部署了 600 余项项目，为青藏高原水资源可持续利用和生态保护提供了重要基础。这些科技任务取得了丰富的研究成果，基本阐明了青藏高原典型流域水循环过程及其与气候变化的互馈机制；初步核算了"亚洲水塔"的水量，揭示了"亚

洲水塔"失衡的特征及影响；建立了云水资源与江河源区降水径流资源化潜力评价方法、跨境水资源科学调控与利益共享理论和方法；研发了高寒高海拔地区水文要素监测、冰冻圈关键参数数据同化、水盐资源高效利用与生态保护等技术。

（二）面临的主要问题

随着全球气候变暖加剧，"亚洲水塔"正逐渐失衡，"泛第三极"水系统面临更为严峻的极端气候事件引发的巨大风险。气候变化也改变了"泛第三极"地区水循环过程和水资源时空分布规律，给区域可持续发展带来挑战。在青藏高原环境变化与下游地区水资源需求增加的叠加影响下，"泛第三极"地区围绕水纠纷与水冲突的地缘问题日趋严峻。

应对上述新挑战，目前仍存在水循环水资源监测方法和设备研发不足、监测网络不健全，水资源利用效率低，"泛第三极"水循环变化的气候变化机制认识不够深入，国际河流水资源利用研究滞后等问题，"泛第三极"水循环变化和水资源利用的广域影响研究尚须加强。

（三）未来工作重点

未来，要通过实施"泛第三极"水循环变化、水资源效应战略性重大科技任务，持续推进"泛第三极"地区水循环和水资源安全要素观测研究网络建设，推动建立"泛第三极"地区水资源领域高层次跨机构跨学科科技协作平台；强化面向高原生态屏障建设的水资源保护与恢复研究和重大成果落地；开展顶层谋划，可持续开发利用跨境河流水资源，加强"泛第三极"水循环变化和水资源利用的广域影响研究，为青藏高原生态屏障建设和跨境流域水安全保障提供科技支撑。

1. "泛第三极"水循环演变机理及其水资源效应

将"泛第三极"地区水资源区划分为境内和跨境两个分区，按照不

（旁注）科技支撑中国西部生态屏障建设的战略思考

同的功能定位和需求设计研究任务，重点开展"泛第三极"冰冻圈水文生态过程与响应机制、高原寒区水文循环与生态过程耦合机理、多尺度多过程水文水资源模拟与预测、水资源演变趋势及影响、高寒高原区域水源涵养与生态环境保护等方面研究。

2. "亚洲水塔"变化背景下国际流域水资源可持续利用与保护

重点开展国际流域水情监测预报及水灾害防范、全球气候变化下跨境河流水文水资源演变趋势、跨境河流健康维持机制与水资源安全科学调控、跨境河流水安全及国际流域可持续水管理研究，包括跨境水资源合理分配与水权益保障、跨境生态补偿机制与其他水资源协调开发利用机制融合等。

3. 高环境梯度下生态系统水土环境演化规律与流域生态系统健康

面向国家保护长江和西南山地生态文明建设的重大需求，遵循服务"生态优先、绿色发展"的核心发展理念，针对长江上游山地水土环境敏感、污染物致污机制不清等问题，系统研究坡面土壤－水分－植物－岩石多界面过程与驱动机制，科学认识水源涵养、水体自净等生态功能对气候变化和生态与水利工程的响应机制、流域性山地灾害形成演化成灾规律，建立生态水文－径流泥沙－污染物迁移转化耦合模型，突破泥沙与污染物源头减控、过程阻截、末端消纳的全过程流域控制关键技术，构建生态清洁小流域技术体系与平安绿色小流域经营管理示范模式。

4. 变化环境下生态屏障区水—能源—粮食—生态纽带与区域可持续发展

水—能源—粮食—生态纽带关系与区域可持续发展密切相关，亟待重点开展水资源多目标间的交互影响与耦合机制、梯级水电开发对纽带关系的影响、流域"水—能源—粮食—生态"关联纽带模型、多目标需求下的流域水－沙－环境系统适应性管理、水资源利用安全调控及阈值界定理论方法等方面研究。

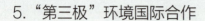
5. "第三极" 环境国际合作

以推进"第三极"地球系统综合集成研究为科学目标，立足"第三极"和广域地区及其三极联动，开展有组织、有分工、有协作的系统集成研究，引领地球系统科学前沿。面向"第三极"环境与地球系统变化不确定性研究这一重大科学前沿问题，实现地球科学研究新突破。深入开展与世界气象组织（World Meteorological Organization，WMO）联合的"亚洲水塔"观测–模拟–预警集成研究，与联合国环境规划署（United Nations Environment Programme，UNEP）联合发布"第三极"环境变化科学评估。进一步加强与国际组织和国际计划的合作，站稳科学制高点，主导"第三极"科学研究话语体系，拓展"三极"研究，为"一带一路"建设和全球生态环境保护提供服务。

第三节　关键性和基础性科技任务

一、关键性科技任务

紧密结合西部生态屏障建设重点区域的典型特点和生态环境变化态势，以领域牵引系统性研究问题、典型区域聚焦特定性研究问题，布局西部生态屏障建设的领域共性及区域特定研究任务。基于领域专题和区域专题研究成果，围绕生态系统保护修复与可持续发展、气候变化与应对、生物多样性保护、环境污染演变规律与防控、水资源开发利用与综合保护、"双碳"目标下的碳汇和能源利用等六个方面，研究提出关键性科技任务。

（一）生态系统保护修复与可持续发展

在生态系统保护修复与可持续发展方面，开展西部生态系统保护修复的基础科学问题、西部地区生态系统对全球气候变化的响应与适应、生物多样性保护与自然保护地体系构建技术、西部退化生态系统山水林田湖草沙冰一体化保护和系统治理技术、西部地区生态系统固碳增汇技术及生态产品价值实现等专题研究，重点关注青藏高原生态修复新技术研发、黄土高原多沙粗沙区和黄河"几字弯"荒漠化治理与黄河水沙平衡调控、植被建设的林草粮果配置与塬坡沟沙系统治理、水土保持高质量发展途径及其与黄河水沙的关系、黄土高原山水林田湖草沙系统治理与经济社会协调发展的乡村振兴地域模式、人地协同和生态屏障建设创新路径与区域地球系统理论、西南脆弱山地生态系统对气候变化的响应与生态保育关键技术、西南山地大气－土壤－植被－水体－岩土复杂界面过程与生态系统演化机理、内蒙古高原防护林建设规划、北方防沙治沙带典型退化林草生态系统修复模式、河西走廊—塔克拉玛干沙漠边缘阻击战、准噶尔盆地南缘活化沙丘治理、吐哈盆地戈壁大风侵蚀防治、防沙治沙技术规范与标准体系及防沙治沙与产业融合发展等研究。

（二）气候变化与应对

在气候变化与应对方面，开展全球变暖背景下西部气候与环境变化的关键过程与机制、气候变化对西部地区极端气候事件的影响及应对、气候变化背景下西部地区气象及衍生灾害的风险评估与适应、气候变化对西部地区水资源的影响及适应、气候变化对西部地区冰冻圈的影响及风险评估与管理、气候变化对西部地区生态系统的影响机制及适应管理技术专题研究，重点关注青藏高原气候变化综合立体监测与科学评估、重大复合链生灾害，黄土高原生态屏障区气候、生态、地质和环境变化的基线、规律与发展趋势及极端气候事件和重大工程的影响与应对，气候变化与人类活动耦合条件下山地灾害形成发育规律与风险预测等研究。

（三）生物多样性保护

在生物多样性保护方面，开展多层次、多维度、多学科交叉的生物多样性系统研究、跨境生物多样性保护战略合作网络建设专题研究，重点关注青藏高原生物多样性保护调查、特色生物资源开发利用技术，云贵川渝生态屏障区特色生物资源开发利用技术研究，西南山地生物入侵机制和有害生物防控关键技术，内蒙古高原生物多样性保护等研究。

（四）环境污染演变规律与防控

在环境污染演变规律与防控方面，开展重点领域和关键环节的技术攻关，环境污染过程与演化规律，西部生态屏障环境效应、生命健康与调控机理，基于社会系统 – 环境系统协调的可持续发展技术体系专题研究，重点关注青藏高原跨境污染物预警及其应急防控、黄土高原污染物风险预警及应急防控、云贵川渝生态屏障区环境污染防治、蒙古高原污染监测与防控体系，以及北方防沙治沙带环境污染防治技术开发与应用研究。

（五）水资源开发利用与综合保护

在水资源开发利用与综合保护方面，开展山水林田湖草沙冰统筹下的水资源权衡、跨境流域水资源可持续利用、地表水 – 地下水 – 生态系统互馈机制与安全保障技术、西部生态屏障区水 – 生态系统 – 社会经济相互协调发展、水资源高效利用与节水技术、跨流域调水与水资源优化配置专题研究，重点关注"亚洲水塔"变化与水安全综合科学考察、黄土高原水资源 – 水生态 – 水污染 – 固废融合共治与水资源优化配置、黄河极端旱涝事件与黄河下游和三角洲环境安全与应对、成渝大型城市群水环境安全与绿色发展协同保障技术、云贵川渝重点河湖水生态修复与水环境持续优化及其保障体系、蒙古高原水资源利用、西南山地重点河湖水生态修复与水环境持续优化及保障体系建设，以及北方防沙治沙带水－能源－粮食系统气候变化适应机制研究。

(六)"双碳"目标下的碳汇和能源利用

在"双碳"目标下的碳汇和能源利用方面，重点关注青藏高原碳汇专项调查及清洁能源精细化评估、黄土高原水土－植被－粉尘－碳汇等生态屏障功能对全球气候变化的响应与优化调控、若尔盖高原泥炭地碳汇功能及调控技术体系、内蒙古高原绿色矿山规划和标准体系建设研究。

各项任务具体内容将在第二部分重点区域和第三部分重点领域的关键性科技任务中详细阐述。

二、基础性科技任务

(一) 已取得的成绩

我国已建立了较完备的监测体系，包括中国生态系统研究网络、中国高寒区地表过程与环境观测研究网络，以及环保、国土、农业、林业、水利、气象等专业观测网络，形成了空天地一体化的监测预警体系，在生态系统结构和功能、生物多样性、污染防治等领域积累了大量数据。例如，中国生态系统研究网络收集了我国不同生态系统的长期观测实验数据，中国陆地生态系统通量观测研究网络（ChinaFLUX）进行了多年的碳水通量监测；"地球科学大数据工程"的实施，提供了先进的大数据整合挖掘手段，为开展全国尺度的生态系统结构、功能、过程及重大科学问题的综合集成研究奠定了基础。

人工智能、大数据等技术手段和无人机、科考机器人等新装备已逐步在西部生态屏障建设中应用，对西部生态保护和绿色发展起到了关键作用。在环境监测领域，高光谱观测卫星正式交付投入使用，空天地一体化监测模式逐步普及，基于国产卫星等多源遥感数据的生态环境遥感监测技术体系基本形成，生态环境监测立体化、自动化、智能化水平显著提升。在生态保护领域，无人机技术已被广泛应用于遥感图像采集、数字表面模型与数字高程模型等构建、植被覆盖与生物多样性调查及地表水资源与土壤类型调查等方面，极大地提升了微观和宏观尺度生态观测数据的获取能力。在2023"巅峰使命"珠峰科考中，中国科学院珠穆朗玛峰大气与环境综合观测研究站首次利用无人机进行实验，成功收集了不同高度的大气样本，为准确估算青藏高原陆地碳汇提供了帮助。

（二）面临的主要问题

当前，科技领域新技术对西部生物多样性和生态修复、气象灾害预测、环境污染防治、防沙治沙及水资源循环利用的支撑作用还未充分发挥应有效能，西部生态环境科技面临基础薄弱、自主创新特别是原创力不强、关键领域和核心技术受制于人等"卡脖子"关键难题。现有对区域和领域的监测、预警、预报等网络建设和数据集成仍相对独立，不利于对区域和领域数据的综合性分析。主要表现在以下方面。

1. 西部生态监测网络分布不均，智能化水平不高

我国西部地区监测网络布局存在明显不足，主要表现为站点稀疏且分布不均，观测站网结构设计、监测要素配置及其数据实时传输效能均有待优化，运行维护和保障体系亟待完善。迫切需要聚焦于优化空间资源布局、突破关键技术瓶颈、强化数据融合与智能分析能力，构建集天基遥感、地表观测和空中监测于一体的高分辨率地球系统综合监测网络，并配套建设高效能的大数据平台，实现对全球气候、生态环境、自然资

源等多维度信息的实时、连续、立体化获取与处理，揭示地球系统的复杂演变规律及人与自然相互作用的影响机制。

2. 生物多样性调查缺乏系统性，对资源挖掘、风险防控等数据支撑不足

西部地区涵盖了从热带到寒带、从湿润到干旱的各类自然生态系统类型，自然条件恶劣、地质地貌复杂、生态环境脆弱、经济发展迟缓等多种问题叠加，缺乏网格化本底调查数据，生物多样性本底和认识不足，监测信息化程度和数据更新频率低，导致该区域仍存在较多的研究薄弱和空白区域，无法实现对生物多样性资源及时准确的掌握，不能支撑重大理论前沿问题的系统性研究。同时，对于野生生物遗传多样性调查和遗传资源挖掘工作还有极大的提升空间。西部地区特别是边境区域，外来入侵物种和疫源疫病动物的本底仍不清，物种入侵和疾病传播风险的预警防控不够，存在一定风险。

3. 监测要素"信息孤岛"现象严重，数据分析能力不足以支撑有效决策

对气象－水文－生态环境系统变化及致灾过程机理认识有限。各监测要素数据缺乏连续性和协调性，数据精度不够，无法实现全面、连续、实时的综合立体监测。数字监测技术迭代及应用相对滞缓，从海量多源异构数据中提取有效信息并进行深度融合的能力不足，影响了科学决策和有效管理。预报预测系统与方法不完善，风险评估与预报预测之间存在脱节现象，亟须将其整合到统一的平台，以提升时效性。另外，政策法规、标准规范及跨部门、跨领域的协同合作机制也有待进一步完善，以适应天地空一体化地球系统综合监测网络和大数据平台建设与应用的发展需要。

4. 适用性新技术成果转化和推广难，部分关键装备国产化水平不高

生态理论研究与工程实践存在一定程度的脱节现象，关键技术研发成果的转化不足。高分辨率遥感卫星数量有限，且在极端环境下的稳定

高效运行仍需攻关，无人机等新型监测手段的应用也面临续航能力、数据传输速度等技术难题。我国生态系统监测设备严重依赖进口，且观测设备自动化和信息化程度低，与遥感和模型尺度不匹配。例如，我国在青藏高原高寒环境监测中使用的仪器绝大部分是进口的，存在一定的安全隐患。

（三）未来工作重点

新时期，需要聚焦西部生态屏障建设中体现能力建设的基础性科技问题，面向领域和区域调查－观测－监测－预警体系建设、数据综合集成分析平台搭建、科研仪器设备研制等需求，布局西部生态屏障建设基础性科技任务。

1. 天地空一体化高分辨率地球系统综合监测网络和大数据平台建设

未来，天地空一体化高分辨率地球系统综合监测网络将整合卫星遥感技术、地面自动化监测站、无人机／飞艇高空探测等多种手段，实现从大气圈到岩土圈、地表过程，再到生物圈全方位、多层次的精细化观测。在此基础上实现各地特有的观测，例如，青藏高原地区更加关注多圈层立体综合观测体系，黄土高原关注水土流失和水资源承载力立体综合监测，内蒙古高原关注风沙场观测。大数据平台则承担着海量异构数据的存储、整合、挖掘和分析重任，并通过深度学习、人工智能等先进技术提升数据价值转化效率，为科学研究、决策支持提供强有力的工具。

（1）推动技术创新。持续研发更高精度、更快速度的监测设备和技术，提高数据采集能力；优化遥感算法，提升数据解译准确性和时空分辨率。

（2）完善监测网络。合理规划布局监测站点，填补观测空白，尤其关注西部地区生态环境脆弱带；加强空中及邻近空间监测平台建设，确保全天候、全地域覆盖。

（3）完善数据共享与应用机制。建立健全数据开放共享机制，推动跨部门、跨领域的数据融合与应用创新；开发多样化的信息服务产品，以服务于气候变化应对、生态系统保护修复、资源合理利用等领域。

（4）开展标准规范制定。推进天地空一体化高分辨率地球系统综合监测网络相关技术标准和规范体系的建立与完善，保障数据质量和系统的兼容性。

通过上述工作，到 2025 年，形成西部地区统一、规范的地球系统综合监测工程网络体系；到 2035 年，初步建成地球系统综合监测网络，并开展天地空一体化综合监测试验；到 2050 年，建立西部生态屏障气候系统观测数据库，构建西部地区天地空一体化高分辨率地球系统综合监测网络和大数据平台。

2. 生物多样性调查监测系统和大数据平台建设

未来，要重点建设西部地区生态系统与野生动植物本底调查和监测系统，开展生物入侵和疫病的主动预警–控制–拦截一体化管控体系研究，建设西部屏障生态保护修复大数据平台、西部地区生物多样性保护基础设施等。

（1）建设西部地区生态系统与野生动植物本底调查和监测系统。重点围绕天地空一体化调查与监测体系的构建，开展国家重点保护野生动植物物种、农林水产种质资源状况，生态系统格局、质量、服务的现状及变化趋势，生态问题与生态风险的监测与预警技术，生态系统保护修复工程的成效评估等研究。充分发挥基层工作站点和研究站点的作用，结合遥感、网络信息化设备，构建草原鼠害、蝗灾、动物疫病等有害生物监测预报网络和应用模式，通过生物防治、生态调控和化学防治，提升草原生物灾害的治理体系和治理能力现代化水平。建立以大尺度、全天候、高分辨率生物多样性调查卫星，低成本、长续航、高智能生物多样性监测无人机和非侵入式、高效环境脱氧核糖核酸（deoxyribonucleic acid，DNA）采集等高新技术为代表的天空地海生物多样性人工智能探测系统，结合人工智能+生物技术和大数据探索，开展生物多样性形成演化和青藏高原生物适应机制等重大理论系统研究，构建智能化生物多样性保护决策平台，服务于西部生物多样性保护和精准管控。

（2）开展生物入侵和疫病的主动预警-控制-拦截一体化管控体系研究。开发敏感性强、可靠性高的环境分子印迹技术，开展外来入侵物种和疫源动物的本底调查，构建外来入侵物种跨境溯源和疫病动物分布数据库，建立入侵和疫病前瞻性风险评估预警处置技术平台，开展入侵和疫病传播风险评估，研发外来入侵物种和疫病的可持续防控、拦截和治理技术，建成预警-控制-拦截一体化的管控体系，实现重大威胁由被动"遇见"转为主动"预见"。

（3）建设西部屏障生态保护修复大数据平台。重点探索建立以大数据、人工智能为基础，涵盖生态系统、野生动植物物种、遗传基因等不同层次，社会-经济-自然耦合的大数据平台，基于大数据的理念，设计具有能够灵活应用大数据分布式存储和分布式计算的架构，建设具有数据汇交、数据共享、数据分析、数据服务、信息服务等功能的生态监测及数据汇集平台。

（4）建设西部地区生物多样性保护基础设施。加大对先进实验仪器设备、分析测试、数据分析平台等基础设施的购置，大幅改善和提升科研支撑能力。新增布局5~10个生物多样性监测的野外台站，提升和完善大数据平台，扩充天然化合物库、DNA库、标本馆（库）等研究平台的容量。建立国家重点野生动植物基因保存设施，建设野生动植物科研监测体系及野生动植物基础数据库等。加强迁地保护、国家植物园体系（植物园特别是专类园，野生动物繁育基地等）的建设，提升迁地保护的质量和保藏能力等。建设喀斯特生态系统野外平台，克服喀斯特生态系统的复杂性、长周期性等挑战，解决单一站无法揭示的区域表层地球系统科学规律问题。

3.西部地区气象－水文－生态环境精细化模拟、风险管理和决策支撑一体化智能系统

未来，应开展气象－水文－生态环境精细化模拟研究，提升风险管理和决策支撑水平，具体如下。

（1）开展气象－水文－生态环境多圈层耦合关键技术研究，构建西部气象－水文－生态环境演变的精细化智能综合模拟和预测平台。

（2）研制气象－水文－生态环境脆弱区识别技术及气象－水文－生态环境灾害的预警指标体系和系统。

（3）构建西部气象－水文－生态环境灾害风险评估与综合管理系统。

（4）研制地球－社会经济耦合模拟及决策支撑平台。

通过上述工作，到2025年，突破模式物理过程参数化、多圈层耦合、多源资料同化等关键技术，初步建成西部生态环境脆弱区极端气象－水文－生态环境精细化智能模拟与预测平台。到2035年，构建完成西部气象－水文－生态环境演变的精细化智能综合模拟和预测平台及地球－社会经济耦合模拟平台。到2050年，实现西部地区气象－水文－生态环境精细化模拟、风险管理和决策支撑一体化智能系统。

4.生态科研与应用领域科研特种设备和关键装备

加快新技术对西部生态屏障的支撑作用，需要站在全局的角度，聚焦现实和未来需求，拓展技术应用场景，加大关键技术和产品研发力度，强化数据融合与决策支撑能力建设，并同步推进相关体制机制和政策体系建设，助力西部生态屏障建设工作迈上新台阶。

（1）加大西部适用新技术的研发力度。由生态环境部牵头，联合科技部、工业和信息化部等成立西部生态环境重大应用场景"揭榜挂帅"联合工作组，动态发布西部生态屏障建设应用场景。发挥好科学家"出题人"和企业"答题人"的作用，鼓励科研机构和企业联合，明确新技

术、新产品的需求和攻关方向。加大力度研发全天候、高分辨率生态监测调查卫星，以及低成本、长续航、高智能监测无人机，优化遥感算法，推进无人机集群网络建设。加强系留浮空器、科考机器人、无人机、大数据处理与超级计算等在野外科考、物种资源调查中的应用。针对西部地区高寒等特殊环境，研发适用于高寒区的特殊仪器设备，形成低温特殊材料、高精度专用仪器和重大成套装备产品。

（2）推进生态领域人工智能的创新性应用。加强野外台站监测、实验室分析和数值模拟平台建设，综合水体、大气、土壤、生态等观测数据与信息集成，推进人工智能、大数据、区块链、数字孪生等技术在数据分析中的应用，建立西部生态屏障数据共享服务系统，实现跨学科、跨领域、跨部门数据共享共建的增值收益。强化人工智能、大数据分析与无人机技术的结合，提高多源地球科学数据集成与融合分析、数据处理与挖掘能力，提升数据解译准确性和时空分辨率，构建"智能化西部生态监测和决策平台"。推进天地空一体化地球系统综合监测网络相关技术标准和规范体系的建立和完善，保障数据质量和系统兼容性。

（3）加强跨领域、跨学科的人才培养工作。依托西部地区高等院校的生态相关专业，以及生态领域科研院所，加大无人机、遥感技术、人工智能等前沿技术课程设计。鼓励无人机企业与院校、科研院所等共同建立"产学研实训基地""产业学院""科研中心"等，深化校企合作，培养无人机高技能创新型人才。鼓励地方政府搭建新兴技术平台和联盟，实施无人机试验示范项目，通过组织开展无人机技术和维保服务培训，提高操作水平和作业能力。

（4）加大对新技术应用的政策支持力度。加大对适用于西部生态环境的新技术和新产品的政府采购力度，优先采购国产新产品。由国家数据局牵头，联合生态环境部、科技部、中国科学院等，建立西部生态数据协同机制，推动建立标准规范体系、整合数据资源、建设共享平台和数据共享服务等，提升数据资源综合使用效能。针对西部地区生态屏障建设对新技术的需求特点，优化无人机、人工智能、数据使用等相关政策条款。

本章参考文献

[1] 冯丽妃. 魏辅文：中国正在成为生物多样性保护引领者. https://www.cas.cn/zjs/202110/t20211018_4809853.shtml[2021-10-17].

[2] 张艳玲. 2022 年降至 265.34 万平方公里！我国水土流失状况持续改善，生态系统质量稳步提升. http://mwr.gov.cn/xw/mtzs/qtmt/202308/t20230818_1679642.html[2023-08-18].

[3] 寇江泽，李晓晴. 首次实现所有调查省份荒漠化和沙化土地"双逆转"——中国荒漠化沙化土地面积持续减少. https://www.gov.cn/xinwen/2023-01/10/content_5735956.htm[2023-01-10].

[4] 习近平在内蒙古巴彦淖尔考察并主持召开加强荒漠化综合防治和推进"三北"等重点生态工程建设座谈会. http://www.banyuetan.org/dyp/detail/20230607/1000200033135231686099693228303848_1.html[2023-06-07].

第五章

科技支撑西部生态屏障
建设的政策保障

党的十八大以来，生态文明建设纳入中国特色社会主义总体布局，生态保护和高质量发展成为国家和区域发展中的重大战略。2016 年，由中国环境保护部与联合国环境规划署联合发布《绿水青山就是金山银山：中国生态文明战略与行动》，中国生态治理的体制构建与生态文明理念实践受到全球广泛关注，生态治理的中国模式已然成型。[1] 中国通过西部生态屏障建设的重大方针战略指引、科技支撑中国西部生态屏障建设的规划布局、科技支撑中国西部生态屏障建设的制度安排和政策措施，形成了具有中国特色的科技支撑中国西部生态屏障建设的政策体系。

第一节 指引西部生态屏障建设的重大方针战略

党的十八大报告明确将生态文明建设纳入"五位一体"的总体布局，十八届五中全会确立了创新、协调、绿色、开放、共享的新发展理念，党的十九大将"坚持人与自然和谐共生"作为新时代坚持和发展中国特色社会主义的十四条基本方略之一，并将建设美丽中国作为社会主义现代化强国目标之一，与此同时，"增强绿水青山就是金山银山的意识"正式写入《中国共产党章程》，新发展理念和生态文明等内容写入《中华人民共和国宪法》。党的二十大报告将"人与自然和谐共生的现代化"上升到"中国式现代化"的内涵之一，再次明确了新时代中国生态文明建设的战略任务，总基调是推动绿色发展，促进人与自然和谐共生。随着这一系列新理念、新战略的提出，生态文明战略地位得到显著提升，生态文明建设和生态环境保护成为高质量发展的重要组成部分。

党的十八大以来，生态文明顶层设计和制度体系建设全面推动，《中共中央　国务院关于加快推进生态文明建设的意见》《中共中央　国务院关于新时代推进西部大开发形成新格局的指导意见》《中共中央 国务院关于全面推进美丽中国建设的意见》等纲领性文件相继出台，为科技支撑西部生态屏障建设提供了战略指引。

2015年发布的《中共中央 国务院关于加快推进生态文明建设的意见》明确提出"坚持把深化改革和创新驱动作为基本动力。充分发挥市场配置资源的决定性作用和更好发挥政府作用，不断深化制度改革和科技创新，建立系统完整的生态文明制度体系，强化科技创新引领作用，为生态文明建设注入强大动力"的基本原则。该意见提出，"从根本上缓解经济发展与资源环境之间的矛盾，必须构建科技含量高、资源消耗低、环境污染少的产业结构，加快推动生产方式绿色化，大幅提高经济绿色化程度，有效降低发展的资源环境代价"。在推动科技创新的具体目标上，提出要"结合深化科技体制改革，建立符合生态文明建设领域科研活动特点的管理制度和运行机制。加强重大科学技术问题研究，开展能源节约、资源循环利用、新能源开发、污染治理、生态修复等领域关键技术攻关，在基础研究和前沿技术研发方面取得突破。强化企业技术创新主体地位，充分发挥市场对绿色产业发展方向和技术路线选择的决定性作用。完善技术创新体系，提高综合集成创新能力，加强工艺创新与试验。支持生态文明领域工程技术类研究中心、实验室和实验基地建设，完善科技创新成果转化机制，形成一批成果转化平台、中介服务机构，加快成熟适用技术的示范和推广。加强生态文明基础研究、试验研发、工程应用和市场服务等科技人才队伍建设"。

2019年发布的《中共中央 国务院关于新时代推进西部大开发形成新格局的指导意见》提出，"以创新能力建设为核心，加强创新开放合作，打造区域创新高地。完善国家重大科研基础设施布局，支持西部地区在特色优势领域优先布局建设国家级创新平台和大科学装置。加快在西部具备条件的地区创建国家自主创新示范区、科技成果转移转化示范区等创新载体。进一步深化东西部科技创新合作，打造协同创新共同体。在西部地区布局建设一批应用型本科高校、高职学校，支持'双一流'高校对西部地区开展对口支援"。"支持国家科技成果转化引导基金在西部地区设立创业投资子基金。加强知识产权保护、应用和服务体系建设，支持开展知识产权国际交流合作。"

2023 年 12 月发布的《中共中央　国务院关于全面推进美丽中国建设的意见》提出，锚定美丽中国建设目标，要坚持做到加强绿色科技创新，增强美丽中国建设的内生动力、创新活力。在加强科技支撑上，"要推进绿色低碳科技自立自强，创新生态环境科技体制机制，构建市场导向的绿色技术创新体系。把减污降碳、多污染物协同减排、应对气候变化、生物多样性保护、新污染物治理、核安全等作为国家基础研究和科技创新的重点领域，加强关键核心技术攻关"。实施生态环境科技创新重大行动，"建设生态环境领域大科学装置和重点实验室、工程技术中心、科学观测研究站等创新平台。加强生态文明领域智库建设。支持高校和科研单位加强环境学科建设。实施高层次生态环境科技人才工程，培养造就一支高水平生态环境人才队伍"。

2024 年 7 月党的二十届三中全会审议通过《中共中央关于进一步全面深化改革　推进中国式现代化的决定》，明确将聚焦建设美丽中国作为进一步全面深化改革总目标的重要方面，在完善生态文明基础体制、健全生态环境治理体系、健全绿色低碳发展机制等方面，对深化生态文明体制改革作出一系列重大部署。其中，在健全生态环境治理体系方面，"落实生态保护红线管理制度，健全山水林田湖草沙一体化保护和系统治理机制，建设多元化生态保护修复投入机制。落实水资源刚性约束制度，全面推行水资源费改税。强化生物多样性保护工作协调机制。健全海洋资源开发保护制度。健全生态产品价值实现机制。深化自然资源有偿使用制度改革。推进生态综合补偿，健全横向生态保护补偿机制，统筹推进生态环境损害赔偿"。

2024 年 8 月，中共中央政治局召开会议审议《进一步推动西部大开发形成新格局的若干政策措施》，会议强调"着力提升科技创新能力""深入推进美丽西部建设，统筹推进山水林田湖草沙一体化保护和系统治理，深入开展环境污染防治，推进绿色低碳发展"。

第二节　科技支撑西部生态屏障建设的规划布局

在生态文明的方针战略下，中国以全面提升国家生态屏障质量、促进生态系统良性循环和永续利用为目标，在多个层面进行了规划布局。

《全国生态保护"十二五"规划》提出要加强科技支撑。加强实施水体污染控制与治理科技重大专项，实现"减负修复"核心关键技术突破。加强重点领域的基础研究和科技攻关，加强对科研院所的科研能力建设支持，优先安排重大生态环境问题与关键技术科研课题。加强国际科技合作与交流。对经实践验证具有较好效果的成熟技术模式，进行推广与应用。推动设立生态保护科技重大专项，重点开展重点生态功能区保护和建设的方法与技术模式、生物多样性与生物安全支撑技术、生态产业发展、生态修复技术、生态系统监测评价等关键技术的研究。

《"十三五"生态环境保护规划》提出，以绿色科技创新引领生态环境治理。"推进绿色化与创新驱动深度融合。把绿色化作为国家实施创新驱动发展战略、经济转型发展的重要基点，推进绿色化与各领域新兴技术深度融合发展。""加强生态环保科技创新体系建设。瞄准世界生态环境科技发展前沿，立足中国生态环境保护的战略要求，突出自主创新、综合集成创新，加快构建层次清晰、分工明确、运行高效、支撑有力的国家生态环保科技创新体系。重点建立以科学研究为先导的生态环保科技创新理论体系，以应用示范为支撑的生态环保技术研发体系，以人体健康为目标的环境基准和环境标准体系，以提升竞争力为核心的环保产业培育体系，以服务保障为基础的环保科技管理体系。""建设生态环保科技创新平台。统筹科技资源，深化生态环保科技体制改革。加强重点实验室、工程技术中心、科学观测研究站、环保智库等科技创新平台建设。"

2020 年，国家发展和改革委员会、自然资源部发布了《全国重要生态系统保护和修复重大工程总体规划（2021—2035 年）》。该规划围绕"全面提升国家生态安全屏障质量、促进生态系统良性循环和永续利用"的总目标，以统筹山水林田湖草一体化保护和修复为主线，提出了"坚持保护优先，自然恢复为主；坚持统筹兼顾，突出重点难点；坚持科学治理，推进综合施策；坚持改革创新，完善建管机制"等基本原则，明确了到 2035 年全国生态保护和修复的主要目标。该规划将重大工程重点布局在青藏高原生态屏障区、黄河重点生态区（含黄土高原生态屏障）、长江重点生态区（含川滇生态屏障）、东北森林带、北方防沙治沙带、南方丘陵山地带、海岸带等"三区四带"，根据各区域的自然生态状况、主要生态问题，研究提出了主攻方向。该规划提出了 9 项重大工程，包括青藏高原生态屏障区等七大区域生态保护和修复工程，以及自然保护地建设及野生动植物保护、生态保护和修复支撑体系等 2 项单项工程，并在专栏中列出了 47 项具体任务。围绕加强党的领导、加快法律法规制度建设、加大政策支持力度、营造良好社会氛围等 4 个方面提出保障措施，细化了国土空间用途管制、重大工程投入机制、发挥生态资源多重效益等方面的支持政策，以及工程组织、评估考核、宣传引导等方面的有关要求。

2021 年，中共中央、国务院发布了《黄河流域生态保护和高质量发展规划纲要》。该纲要提出，要提升科技创新支撑能力。"开展黄河生态环境保护科技创新，加大黄河流域生态环境重大问题研究力度，聚焦水安全、生态环保、植被恢复、水沙调控等领域开展科学实验和技术攻关。支持黄河流域农牧业科技创新，推动杨凌、黄河三角洲等农业高新技术产业示范区建设，在生物工程、育种、旱作农业、盐碱地农业等方面取得技术突破。着眼传统产业转型升级和战略性新兴产业发展需要，加强协同创新，推动关键共性技术研究。在黄河流域加快布局若干重大科技基础设施，统筹布局建设一批国家重点实验室、产业创新中心、工程研究中心等科技创新平台，加大科技、工程类专业人才培养和引进力度。按照市场化、法治化原则，支持社会资本建立黄河流域科技成果转化基金，完善科技投融资体系，综合运用政府采购、技术标准规范、激励机制等促进成果转化。"

2024 年，生态环境部发布了《中国生物多样性保护战略与行动计划（2023—2030 年）》。该计划提出，要强化科技支撑。"各地可建立生物多样性保护专家库，对涉及生物多样性保护的政策和决策进行技术研判。加强生物多样性保护、恢复领域基础科学和应用技术研究，推动科技成果、关键技术的转化应用。发挥高校、科研院所专业教育优势，加强生物多样性人才培养和学术交流。建设高素质专业化人才队伍，增强生物多样性保护和履约、合作交流能力。"

第三节　科技支撑西部生态屏障建设的制度安排

目前，我国已有生态环境法律 30 余部、行政法规 100 多件、地方性法规 1000 余件，还有其他大量涉及生态环境保护的法律法规等，为形成并完善生态文明制度体系打下了坚实基础。[2] 体制机制建设方面取得了显著进展，形成了较为完善的制度安排，涵盖了法律法规、政策措施、监督管理等多个方面。

一、法律法规方面

中国建立了完善的生态保护法律法规体系，该体系涵盖了自然保护区、环境保护、水污染防治、野生动物保护等多个方面。这些法律法规共同构成了中国生态保护的法律框架，确保了生态环境的保护和可持续利用。

在自然保护区方面，发布了《中华人民共和国自然保护区条例》。该条例旨在加强自然保护区的建设和管理，保护自然环境和自然资源。自然保护区分为国家级和地方级，以及核心区、缓冲区和实验区。

在环境保护方面，发布了《中华人民共和国环境保护法》。该法旨在保护和改善环境，防治污染和其他公害，保障公众健康，推进生态文明建设，促进经济社会可持续发展。它规定了环境质量标准、污染物排放标准、环境监测制度等。

在水污染防治方面，发布了《中华人民共和国水污染防治法》。该法旨在防治水污染，保护和改善环境，保障饮用水安全，促进经济社会全面协调可持续发展。它涵盖了水环境质量标准、污染物排放标准、监测制度等。

在野生动物保护方面，发布了《中华人民共和国野生动物保护法》。该法旨在"保护野生动物，拯救珍贵、濒危野生动物，维护生物多样性和生态平衡，推进生态文明建设，促进人与自然和谐共生"。它规定了野生动物的保护、管理和利用等方面的内容。

2023 年 4 月，第十四届全国人民代表大会常务委员会第二次会议通过《中华人民共和国青藏高原生态保护法》。该保护法明确提出，"国家统筹布局青藏高原生态保护科技创新平台，加大科技专业人才培养力度，充分运用青藏高原科学考察与研究成果，推广应用先进适用技术，促进科技成果转化，发挥科技在青藏高原生态保护中的支撑作用"。"国家鼓励和支持开展青藏高原科学考察与研究，加强青藏高原气候变化、生物多样性、生态保护修复、水文水资源、雪山冰川冻土、水土保持、荒漠化防治、河湖演变、地质环境、自然灾害监测预警与防治、能源和气候资源开发利用与保护、生态系统碳汇等领域的重大科技问题研究和重大科技基础设施建设，推动长期研究工作，掌握青藏高原生态本底及其变化。"

二、政策措施方面

中国构建和完善了生态保护补偿机制、生态环境分区管控、绿色金融和市场机制、生态文明教育和公众参与方面的政策措施。

在生态保护补偿机制方面，中国通过财政纵向补偿、地区间横向补偿、市场机制补偿等方式，对开展生态保护的单位和个人予以补偿。具体措施包括中央财政和地方财政对自然保护地的分类分级补偿，建立碳排放权、排污权、用水权、碳汇权益等交易机制。

在生态环境分区管控方面，中国通过划定生态保护红线、环境质量底线、资源利用上线等生态环境"硬约束"，实施精准、科学、依法治污，推动生态环境治理体系和治理能力的现代化进程。

在绿色金融和市场机制方面，中国积极推进绿色金融发展，利用资源环境权益的融资工具，推广生态产业链金融模式，拓展市场化融资渠道。通过公共私营合作制（public private partnership，PPP）模式参与生态保护，争取绿色金融改革创新试验区试点，推动生态保护补偿融资机制与模式创新。

在生态文明教育和公众参与方面，中国持续加强生态文明教育，提高公民生态意识，推动全社会参与生态环境保护。通过传统媒体和新媒体渠道宣传习近平生态文明思想，普及生态知识，提高公众的环保意识和自发参与环保行动的自觉性。

三、监督管理方面

中国通过建立生态保护红线监督、生态保护补偿监督、环境执法监督等制度，形成了较为完善的监督管理模式。

《生态保护红线生态环境监督办法（试行）》明确生态环境部门对生态保护红线实施统一监督。监督内容包括：生态保护红线调整对环境影响、红线内人为活动影响、生态功能状况变化、生态破坏问题整改等。

《生态保护补偿条例》规定政府应当依法公开补偿工作情况，接受社会舆论监督，审计机关对补偿资金管理使用情况进行审计监督。

在环境执法监督方面，建立了常态化生态环境行政监督制度，完善了环境资源审计监督和环境问责机制，加强了司法监督，完善了行政诉讼制度。[3]

第四节 科技支撑西部生态屏障建设的政策措施

中国从创新主体、资源配置、科技人才、成果转化等关键要素方面，对科技支撑西部生态屏障建设进行了一系列政策部署。

一、创新主体政策

科技支撑西部生态屏障建设的创新主体政策在强化企业在科技创新中的主体作用、共同参与的生态环境治理体系及整合各方优势推进整体联动发展等方面做出了系列部署。

（一）主要政策措施

主要政策措施包括：一是强化企业在科技创新中的主体作用，推动产学研深度融合。《中共中央　国务院关于全面推进美丽中国建设的意见》提出，"加强企业主导的产学研深度融合，引导企业、高校、科研单位共建一批绿色低碳产业创新中心，加大高效绿色环保技术装备产品供给"。《中共中央　国务院关于新时代推进西部大开发形成新格局的指导意见》提出，"健全以需求为导向、以企业为主体的产学研一体化创新体制，鼓励各类企业在西部地区设立科技创新公司"。《中国生物多样性保护战略与行动计划（2023—2030 年）》提出，"建立以企业为主体的多利益相关方参与的工商业生物多样性保护联盟，组织开展生物多样性保护和可持续利用活动，搭建企业参与的政策对话与交流平台、最佳实践展示平台、技术支撑平台和国际合作平台"。二是构建以政府为主导、企业为主体、社会组织和公众共同参与的生态环境治理体系。《关于构建现代环境治理体系的指导意见》提出，构建政府为主导、企业为主体、社会组织和公众共同参与的生态环境治理体系。三是加强生态环境科技创新，整合各方优势推进整体联动发展。生态环境部提出，要建立长三角区域生态环境保护科技协作网络，发挥平台枢纽作用，系统提出生态环境科技发展方向和重点，整合各方优势推进整体联动发展。

（二）问题、挑战与对策建议

在创新主体政策做出系列部署的同时，还存在一些问题和挑战，主要表现在以下几个方面。一是创新主体单一，缺乏跨学科综合创新。目前的创新主体政策还局限于单一学科领域，而生态屏障建设需要跨学科的综合创新，如大数据、区块链等新兴技术的应用。[4] 二是创新主体缺乏系统性顶层设计。现行的创新主体政策需要加强国家层面的顶层设计，统筹科技资源、支持政策、项目、基地、人才、资金一体化配置，提升关键领域环节的创新能力。三是需要开展有组织的科技攻关。生态屏障建设涉及多层级多方面多领域的问题，需要整合多方面的优势力量，面对重大战略性问题和基础性问题，提供解决方案。

面对新时期新要求，需要强化支撑西部生态屏障建设的国家战略科技力量布局的顶层设计，面向解决重大战略性问题和关键性基础性问题，整合国家、部门、地方和企业的科技力量，建立"西部生态屏障全国重点实验室群"，开展有组织的科技攻关。

二、资源配置政策

党的十八大以来，党中央就生态产品价值实现做出了系列部署，通过建立健全自然资源资产产权制度和确权登记制度、推进资源总量管理和科学配置、建立生态产品价值实现机制和完善市场化、多元化生态补偿机制等方面不断完善资源配置政策。

（一）主要政策措施

主要政策措施包括以下几个方面。一是建立健全自然资源资产产权制度和确权登记制度。政策明确要健全自然资源资产产权制度和法律法规，加强自然资源调查评价监测和确权登记，为资源合理配置奠定基础。二是推进资源总量管理和科学配置。政策提出要推进资源总量管理、科学配置、全面节约、循环利用，优化资源配置方式。三是建立生态产品价值实现机制。通过建立生态产品价值核算、评估、交易等机制，促进生态资源合理定价和市场化配置。四是完善市场化、多元化生态补偿机制。通过中央向地方转移支付、横向生态补偿等方式，引导资金向生态保护地区倾斜，促进资源合理流向。

（二）问题、挑战与对策建议

在资源配置政策不断完善的同时，还存在一些问题和挑战，主要表现在以下几个方面。一是资金投入机制单一。目前，生态保护资金投入还主要依赖政府财政，社会资本和多元化金融工具的动员力度不够。资金需求在生物多样性保护、国家公园建设等关键领域未得到充分满足。[5] 二是确权和补偿范围不易确定。确定生态保护补偿的主体和范围存在困难，不同资源门类的补偿主体和范围难以明确，特别是经营性产品的补偿主体不易确定，补偿标准的核算也较为复杂。[6] 三是法律法规和制度不完善。现有法律法规和制度在保障公众参与、明确补偿周期和协调机制等方面还不够系统全面。四是社会参与度不足。公众和企业在生态保护中的角色分工和功能定位需要进一步明确。公众环保意识虽有所增强，但实际参与度和行动力仍需提高。

面对存在的问题和挑战，需要强化国家使命导向，以"顶层目标牵引、重大任务带动、基础能力支撑"为原则，围绕主攻方向的基础科学前沿和关键核心技术中的重大科学问题，致力产出系统性重大原创成果，形成多学科协同、多部门协作的科技支撑新格局。建立多元科技投融资体系，以科研任务为导向调动多元创新主体参与西部生态屏障保护的积极性。加大对政府和社会资本合作模式的支持力度，吸引社会资金参与研究项目和示范工程，鼓励社会资本以市场化方式设立生态保护研究基金和生态补偿基金。

三、科技人才政策

党的十八大以来，国家高度重视人才队伍建设，成立了人才工作领导小组，印发实施了《生态环境保护人才发展中长期规划（2010—2020年）》，出台了《环境保护部专业技术领军人才和青年拔尖人才选拔培养办法（试行）》《环境保护部引进高层次专业技术人才实施办法（试行）》《环境保护部关于加强基层环保人才队伍建设的意见》等政策文件。这些文件提出了重点培养造就生态环境科研领军人才、通过多渠道培养中青年科研人才、重视培养宏观决策咨询科研人才的策略，作为加强科研人才队伍建设的主要措施。实施包括"环保专家服务中西部地区行动计划""中西部地区环保专业技术人才交流培养计划"在内的人才支持政策。

（一）主要政策措施

具体政策措施包括以下几个方面。一是培养高水平生态环境科技人才。通过平台建设引进优秀科技人才及创新团队，支持生态环境科技领军人才发挥引领作用，组建高水平创新团队，形成科技领军人才成长梯队。二是遴选青年科技人才。通过构建创新型人才培养生态系统，优化领军人才发现机制和项目团队遴选机制，造就规模宏大的青年科技人才队伍。三是建立和完善生态环境保护人才的激励机制。兑现生态环境科技人才收益分配红利，激发人才创新创造活力。通过赋予用人主体在编制使用、岗位评聘、职称评定等方面更大的自主权，增强其服务意识和保障能力。四是政策鼓励生态环境保护人才参与国际合作与交流。学习借鉴国际先进经验和技术，提升中国生态环境保护人才的国际竞争力和影响力。

（二）问题、挑战与对策建议

虽然中国在生态环保人才队伍建设方面取得了积极的进展，但也存在一些问题与挑战。一是人才队伍的知识、专业结构与生态环保任务快速发展的态势不相适应，缺乏具有世界影响力的生态环保领域科学家及在关键核心技术领域拥有国际影响力的创新成果。二是在专业分布上，主要集中在水污染、大气污染、固体废物等传统环境治理方面，农村环保、土壤治理、应对气候变化等迫切需要专业人才的领域则相对稀缺，规划、政策、信息化等专业人才总量也相对较少。三是在人才配置方面，一些新兴的、复合的环境管理与科研人才缺乏，如减污降碳协同治理、土壤与地下水治理、智慧环保、环境健康、风险管理等领域人才十分缺乏，人才发展的管理体制机制仍不完善。四是人才分布不均衡，边疆少数民族地区、县区镇乡基层生态环保人才严重缺乏，硕士以上学历、中高级以上职称人员较少。

针对生态建设面临的新形势和生态建设人才队伍面临的新挑战，需要强化西部地区科研力量布局，重视在西部地区设置生态屏障建设相关专业，完善人才储备。支持科研院所和高等学校有针对性地培养关键领域的专项人才和急需人才。遵循"不为所有，但为所用"的原则，鼓励东部地区研究机构与西部地区单位合作共建，建立人才、智力、项目相结合的柔性引进机制，实行"双聘制"畅通人才流动渠道。基于科技需求和学科布局，有计划、有重点地引进西部生态屏障建设急需的各类人才。

四、成果转化政策

中国关于科技支撑西部生态屏障建设的成果转化政策聚焦于建立生态

产品价值转化平台、落实科技成果转化政策和推进实施科研人员股权激励等方面。

（一）主要政策措施

具体政策措施包括以下几个方面。一是建立生态产品价值转化平台。《中国生物多样性保护战略与行动计划（2023—2030年）》提出，"逐步建立生态产品价值转化平台和市场交易体系，加快完善政府主导、企业和社会各界参与、市场化运作、可持续的生态产品价值实现路径。创新生态产品价值转化模式，因地制宜发展原生态种养、生态旅游与康养休闲融合、特色生物资源加工利用等，推广生物多样性友好技术和传统做法"。二是落实科技成果转化政策。生态环境部于2019年发布的《关于深化生态环境科技体制改革激发科技创新活力的实施意见》明确提出，"科研人员受托开展技术开发、技术评估、技术咨询、技术服务、技术培训、科学普及等，均纳入科技成果转化范畴。对横向项目，依据合同法和促进科技成果转化法进行管理。横向项目完成后获得的净收入，优先按合同约定提取报酬，如无合同约定，允许提取一定比例，用于奖励对完成和转化成果作出重要贡献的人员"。三是推进实施科研人员股权激励。《关于深化生态环境科技体制改革激发科技创新活力的实施意见》明确提出，"部属科研单位积极探索符合科技成果特点和本单位实际的转化机制和创新模式，对市场急需、可能形成国产化优势的技术成果，可采取投资和技术入股方式进行转化，赋予科研人员职务科技成果长期使用权，给予科研人员和团队不低于60%的股权激励保障。部属科研单位内设研发机构负责人可依法依规获得科技成果转化现金和股权奖励。在科技成果定价、收益分配基准、股权分配等方面领导班子要集体决策、勇于担当，并建立健全股权激励相关的执行机制与监督机制"。

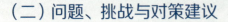

（二）问题、挑战与对策建议

虽然中国在成果转化政策上进行了积极的部署，但也存在一些问题和挑战。一是转化机制还不够顺畅。科技成果与市场需求的融合尚显不足，目前转化平台和市场交易体系还没有完全建立，供需双方还没有建立紧密结合的平台，缺乏高效运行的成果转化体系。二是供需之间存在不匹配。需要尽快在气候变化应对、环境质量改善、生物多样性保护等方面积累科技成果，以支撑生态屏障建设的实际需求。

面对新时期新要求，需要健全转化机制，加强供需对接。构建以市场和管理需求为导向的成果转化体系，推动形成"基础研究-科技支撑-技术服务"协同发展的良性环境。

本章参考文献

[1] 王佳，陈强强.中国生态治理 50 年：体制构建、政策演进逻辑与治理现代化.生态学报，2024，44（10）：1-12.
[2] 徐航，周誉东.推动美丽中国建设 生态环境保护法律已有 30 余部.http://www.npc.gov.cn/npc/c2/kgfb/202308/t20230815_430991.html[2023-08-15].
[3] 阿依古丽.以法治力量推进生态环境治理体系和治理能力现代化.光明日报，2023-11-23（6）.
[4] 贾向桐.科技创新视域下的生态可持续发展问题.人民论坛·学术前沿，2020（2）：50-57.
[5] 刘园园.我国首部生态保护补偿领域法律法规即将实施.http://www.stdaily.com/index/kejixinwen/202405/57015cde39634ee3aa03fdda65eda47d.shtml[2024-05-17].
[6] 魏金金.《生态保护补偿条例》实施在即 护航生态文明建设走向新的更高水平.http://www.ce.cn/cysc/stwm/gd/202405/17/t20240517_39006938.shtml[2024-05-17].

科技支撑中国西部生态屏障建设的战略思考

第二部分

重点区域

科技支撑西部生态屏障建设主要涉及青藏高原生态屏障区、黄土高原生态屏障区、云贵川渝生态屏障区、蒙古高原生态屏障区、北方防沙治沙带、新疆生态屏障区6个重点区域，它们都是西部生态屏障建设的关键热点区域。本部分将对6个重点区域进行逐一介绍，分析各生态屏障区的战略地位，回顾各生态屏障区建设取得的成效，研判各生态屏障区建设面临的挑战，提出新阶段科技支撑各生态屏障区建设的关键性科技任务和平台建议。

第六章

科技支撑青藏高原
生态屏障区建设

青藏高原被誉为"世界屋脊""亚洲水塔""地球第三极"。独特的地理位置、丰富的水资源、多样的气候条件和生物多样性，使得这片高原在中国、亚洲乃至北半球的生态安全格局中扮演着举足轻重的角色。近年来，青藏高原的生态环境发生了显著变化，既存在气候变暖变湿和"亚洲水塔"固液相失衡的问题，也面临生物安全潜在风险、极端灾害风险、跨境和局部污染风险加剧等问题。这些严峻的挑战对科技支撑青藏高原生态屏障区建设提出了更迫切的需求。未来，科技支撑青藏高原生态屏障区建设的关键任务主要包括：加强气候变化对青藏高原生态系统影响的综合立体研究和"亚洲水塔"变化与水安全综合科学考察研究，为制定适应和减缓气候变化的政策措施提供科学依据；推动生态保护和修复技术的研发与应用，提高青藏高原生态系统的稳定性和恢复力；加强环境监测和预警体系建设，提升应对重大复合链生灾害风险的防控能力；加强国际合作与交流，共同应对跨境污染等环境问题；等等。总之，青藏高原生态屏障建设是一项长期而艰巨的任务，通过科技创新和战略实施，守护好青藏高原这方"牵一发而动全身"的净土，将为保障我国乃至全球生态安全做出重要贡献。

第一节　青藏高原生态屏障的主要特征

青藏高原素有"世界屋脊"的美誉。作为地球上最雄伟的高原之一，青藏高原横跨西藏、青海、新疆、四川、甘肃、云南 6 省（自治区），西接帕米尔高原和喀喇昆仑山脉，东部和东北部则与秦岭山脉西段和黄土高原相连，北部边界为昆仑山、阿尔金山和祁连山，南部则为高耸的喜马拉雅山脉南缘，平均海拔超过 4000 米，面积约 260 万平方公里。高耸、辽阔的地理格局造就了青藏高原独一无二的自然环境。高原腹地年平均气温在0℃以下，分布着广袤的冰川和雪山，"飞起玉龙三百万，搅得周天寒彻"是其真实写照。高海拔、高寒、高辐射的严酷生存环境和丰富的冰雪资源，使得青藏高原与南北两极在多方面具有相似性，因此也被称为"地球第三极"。

凭借其独特的地形地貌、丰富的淡水资源及作为众多河流发源地的关键地位，青藏高原成为全球瞩目的"亚洲水塔"。山峰高耸、山系纵横的地形地貌，是青藏高原孕育亚洲大江大河、冰川、积雪和冻土的先决条件。以青藏高原为核心的"第三极"地区是长江、黄河、雅鲁藏布江—布拉马普特拉河、澜沧江—湄公河、怒江—萨尔温江、恒河、印度河等亚洲大江大河的发源地。据第二次青藏高原综合科学考察研究最新成果，"亚洲水塔"地表总水量超过10万亿立方米，约为黄河200年的径流总量。青藏高原广泛分布冰川、积雪和冻土，拥有近10万条冰川，冰储量占全国总量的80%以上；拥有辽阔的积雪区域，是我国三大积雪中心之一；同时，还分布着中低纬度最大、最广的多年冻土区，占中国冻土面积的70%左右。[1]此外，青藏高原湖泊星罗棋布，湖泊面积几乎占全国总面积的一半，著名的湖泊有青海湖（中国最大的湖泊）、色林错（西藏最大的湖泊）、纳木错等。

青藏高原对我国、亚洲甚至北半球的人类生存环境和可持续发展起着重要的生态屏障作用。过去50年，青藏高原生态屏障区的生态环境发生了重大变化，总体呈现出以下几个特点。

（1）气候变暖变湿，"亚洲水塔"固液相失衡。青藏高原是全球气候变暖最强烈的地区之一。气候的变暖和湿化导致了"亚洲水塔"固液相失衡：一方面，冰川、积雪等固态水体快速减少，湖泊、河流等液态水体大幅增加；另一方面，内流区水资源增加，外流区水资源减少，导致水资源空间分布失衡的问题尤为突出。同时，作为全球最重要的冰雪融

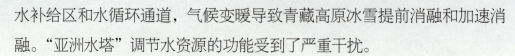

水补给区和水循环通道，气候变暖导致青藏高原冰雪提前消融和加速消融。"亚洲水塔"调节水资源的功能受到了严重干扰。

（2）生态总体趋好，但生物安全面临潜在风险。青藏高原寒带、亚寒带的东部边界逐渐向西部移动，南部边界逐渐向北部移动，温带区不断扩展，生态系统总体向好。高寒草原面积扩大，草原净初级生产力总体呈增加态势。高寒草甸和沼泽草甸面积明显缩小，草甸生产力呈下降趋势。1998 年以前，青藏高原森林面积和储蓄量均呈显著下降趋势，自天然林保护工程启动以来，林地面积与蓄积量得到了双增长。湿地生态系统整体上呈现出退化趋势，其中，三江源地区是退化最严重的地区。青藏高原农田适种范围自 20 世纪 70 年代中期以来呈扩大趋势，冬小麦适种海拔上限升高了 133 米，春青稞适种上限升高了 550 米，两季作物适种的潜在区域也在扩大，复种指数增加。[2]

（3）灾害风险增大，新型灾害凸显。冰冻圈灾害及其影响将进一步加剧，冰崩等冰冻圈新型灾害风险将会增加，突发性冰湖溃决潜在风险加剧，冰川泥石流及山洪灾害更趋活跃，特大灾害发生频率增加，巨灾发生概率增大，潜在灾害风险进一步增加。

（4）人类活动加剧，跨境和局部污染风险增大。东南亚、南亚和中亚等周边地区在南亚季风和西风的相互作用下，通过大气环流向青藏高原跨境输入大量人为污染物，构成了高原大气和地表环境污染物的主要来源。跨境传输黑碳气溶胶加剧了气候变暖和冰川缩减等，已成为影响区域环境的突出问题。随着周边国家和高原自身社会经济的持续快速发展，青藏高原面临外部大气污染输入、内生区域发展，以及气候快速变化驱动等多重扰动。

第二节　青藏高原生态屏障的战略地位

青藏高原是我国乃至全球气候系统稳定的重要屏障。青藏高原隆升改变了地球行星风系，使中国东部和亚洲东南部避免成为同纬度带类似北非和中亚等地区的荒漠地带，不仅塑造了中国东部的湿润季风环境，也造就了江南的"鱼米之乡"。青藏高原的气候变化还通过全球联动效应深刻影响着周边地区甚至全球的气候和环境。例如，青藏高原的热源变化可以通过大气环流影响亚非季风及全球气候，"环球同此凉热"是青藏高原气候重要性的凝练表达。目前，青藏高原气候变化最显著的特征是变暖变湿，平均气温增速超过同期全球均值的 2 倍。[3] 另外，在气候变暖变湿的影响下，冰川积雪面积减小和植被变绿共同导致地表变暗，将引发亚洲季风环流调整，增加我国极端气候事件发生的频率。

青藏高原具有汇聚和调控亚洲水资源的重要功能。青藏高原是世界上除南北极以外淡水储量最多的区域，汇聚了近 10 万条冰川，滋养了 1000 多个面积大于 1 平方公里的湖泊，孕育了 10 多条大江大河，水资源量超过中国水资源总量的 1/5，为下游 20 多亿人的生存和发展提供了淡水资源。但是，气候暖湿化导致"亚洲水塔"失衡，冰川、积雪等固态水体减少，湖泊、河流等液态水体增加，这种变化不能满足区域社会发展导致的快速用水需求增长，南亚的印度河和中亚的阿姆河等流域的水资源供需压力将进一步加剧。"亚洲水塔"失衡还导致冰崩、冰湖溃决等灾害风险加剧，进入 21 世纪以来，青藏高原及周边地区先后发生了雅江、次仁玛错、阿里等多次冰崩和冰湖溃决灾害 [4]，并造成了跨区域乃至跨境的重大影响。

青藏高原是全球碳收支平衡和生物多样性保护的重要中心。青藏高原碳汇功能持续增强，生态系统碳汇总量达到每年 1.2 亿~1.4 亿吨。[5]但是，青藏高原分布有面积达 140 万平方公里的多年冻土，气候变暖可能引起深层冻土碳排放，存在由碳汇转换为碳源的潜在风险。青藏高原是全球生物多样性最丰富的地区之一。作为珍稀野生动物的天然栖息地和高原物种基因库，拥有高原特有种子植物 3760 多种，特有脊椎动物 280 多种，珍稀濒危高等植物 300 多种，珍稀濒危动物 120 多种。[6]通过第二次青藏高原综合科学考察重新发现了墨脱百合等被认为已经灭绝或者濒临灭绝的高原物种，但也发现存在部分野生动植物栖息地破碎化、外来物种入侵等生态风险。

青藏高原是国家战略资源储备基地和关键矿产资源接替区，是全球三大成矿域之一特提斯成矿域的中段和核心区。据第二次青藏高原综合科学考察研究最新成果，青藏高原拥有丰富的铜资源，其中西藏保有铜储量在 6000 万吨以上，占我国保有铜储量的 75%。喜马拉雅琼嘉岗超大型稀有金属锂矿区发现氧化锂资源 230 万吨以上，约占 2022 年中国锂矿查明储量的 40%。[7]喜马拉雅山脉东段的错那洞铍矿，拥有具备工业利用价值的稀有金属氧化铍资源 4 万吨，约占 2021 年中国铍矿查明储量的 70%。[8]喜马拉雅地区有望成为我国重要的稀有金属矿产资源基地。

青藏高原是我国捍卫主权、促进民族团结的前沿阵地。青藏高原毗邻吉尔吉斯斯坦、塔吉克斯坦、阿富汗、巴基斯坦、印度、尼泊尔、不丹、缅甸 8 个国家，涉及边境线 5690 公里，地缘位置极其重要。但是，目前对青藏高原边疆地区的基础地理信息了解不够充分，无法精准地评估地缘态势的动态变化，导致应急能力明显不足，难以满足国家安全的需求。通过科学考察逐步摸清边疆地区地理地形地貌，查明气候变化特点，为捍卫国家主权提供第一手的宝贵科学资料，对确保国土安全具有重要的科学价值和意义。

第三节　青藏高原生态屏障建设成效与面临的挑战

　　青藏高原的气候安全、水资源安全、生态安全、战略资源安全、国土安全关乎国家长远发展和民族长治久安。我国一直高度重视青藏高原生态文明建设，将保护好青藏高原生态作为关系中华民族生存和发展的大事。随着一系列重大生态工程的有序部署，区域生态质量和服务功能得到稳步提升，青藏高原生态安全屏障不断优化，生态文明高地建设的影响不断扩大，科技支撑青藏高原生态屏障区建设取得重大成就。进入新发展阶段，适应全球气候变化和地缘环境变化的新趋势、适应我国生态文明高地建设的新要求、适应青藏高原绿色经济发展的新阶段，进一步发挥科技支撑青藏高原生态屏障区建设的重要作用，着力解决青藏高原资源环境承载力、灾害风险、绿色发展途径等方面的问题，把青藏高原打造成为全国乃至国际生态文明高地，仍然任重道远。

一、青藏高原生态屏障建设成效显著

　　自 20 世纪 60 年代特别是 90 年代以来，我国在青藏高原部署了类型多样的生态屏障建设工程，包括野生动植物保护及自然保护区建设、重点防护林体系建设、天然林资源保护、退耕还林还草、退牧还草、水土流失治理，以及湿地保护与恢复等。与此同时，我国还制定了一系列与生态环境保护和综合治理相关的规划和实施办法，国务院各部委和相关地方政府针对青藏高原部署了 100 多项科技项目，包括中国科学院引领的青藏高原科学考察和科学研究等重大科技任务。

科技支撑青藏高原生态屏障区建设已取得显著成效。

（1）建立了多圈层的综合观测系统。截至 2021 年，我国已在青藏高原建立固定式长期观测研究站 54 个，为高原基础观测研究、保护修复治理和监测预警提供了第一手宝贵资料。

（2）实现了基础研究理论的突破。以中国科学院为主的科技队伍在青藏高原基础研究及应用研究方面取得了许多开拓性的科学成就，例如，建立了构造－气候科学学说，创立了青藏高原气象学，在青藏高原圈层作用动力演化和链式响应方面也取得了创新成果。

（3）实现了中国科技力量与国际计划和国际组织的高水平合作。截至 2023 年，"第三极环境"国际计划建立了 30 多个国家科学家参与的国际合作体系，建设了国际旗舰观测网络，成为 WMO，联合国环境规划署，联合国教育、科学及文化组织（United Nations Educational，Scientific and Cultural Organization，UNESCO）等的合作伙伴。

（4）建立了青藏高原数据库。2019 年首批成立了国家青藏高原科学数据中心，也是国内首个通过施普林格·自然（Springer Nature）认证的科学数据中心，具备持续的青藏高原科学数据整合与服务能力。

（5）形成了国际第一方阵的青藏高原研究科技力量。形成了一支积累雄厚、学科配套、老中青相结合的从事青藏高原研究的科技领军队伍。例如，我国科学家主导的"青藏高原冰川变化与水资源"研究位居汤森路透评选的 2015 年和 2016 年全球地球科学十大前沿的第一方阵。

二、青藏高原生态屏障建设面临的问题和挑战

2017 年，习近平总书记在致中国科学院青藏高原综合科学考察研究队的贺信中指出，"青藏高原是世界屋脊、亚洲水塔，是地球第三极，是我国重要的生态安全屏障、战略资源储备基地，是中华民族特色文化

的重要保护地"，从国家战略层面对青藏高原科学研究提出了更高的要求，要求"聚焦水、生态、人类活动，着力解决青藏高原资源环境承载力、灾害风险、绿色发展途径等方面的问题"[9]。2020年，习近平总书记在中央第七次西藏工作座谈会上强调，"要牢固树立绿水青山就是金山银山的理念，坚持对历史负责、对人民负责、对世界负责的态度，把生态文明建设摆在更加突出的位置，守护好高原的生灵草木、万水千山，把青藏高原打造成为全国乃至国际生态文明高地。要深入推进青藏高原科学考察工作，揭示环境变化机理，准确把握全球气候变化和人类活动对青藏高原的影响，研究提出保护、修复、治理的系统方案和工程举措"[10]。2021年7月9日，习近平总书记主持召开中央全面深化改革委员会第二十次会议，审议通过了《青藏高原生态环境保护和可持续发展方案》，提出"要站在保障中华民族生存和发展的历史高度，坚持对历史负责、对人民负责、对世界负责的态度，抓好青藏高原生态环境保护和可持续发展工作"[11]。

尽管科技支撑青藏高原生态屏障区建设已取得重大成效，但仍面临突出问题与严峻挑战。

（一）综合立体监测体系建设方面

在综合立体监测体系建设方面面临的突出问题与严峻挑战有：

（1）适合高寒环境的监测和模拟等数据收集与技术研发能力较弱，跨部门高效联动的监测体系没有建立起来，缺乏部门之间的数据共享机制；

（2）青藏高原区域的监测体系仍然缺乏，监测区域分布不均，东部多，西部少；

（3）适合高寒环境的监测和模拟等数据收集与技术研发能力较弱，需要切实加强高寒极端环境监测仪器自主研制。

（二）综合性科学研究方面

在综合性科学研究方面面临的突出问题与严峻挑战有：

（1）当前点面尺度的研究比较多，缺乏全球视野下的青藏高原多要素、多尺度、多圈层综合性研究；

（2）现有研究多聚焦在典型区域和流域，地球系统科学视角下的青藏高原多圈层、多学科交叉联合攻关亟待加强。

（三）适应全球气候变化新趋势方面

在适应全球气候变化新趋势方面面临的突出问题与严峻挑战有：

（1）针对气候变暖变湿，"亚洲水塔"失衡等重大变化，相关技术支撑平台包括预警预报方法理论、综合立体监测和数据平台建设亟待加强；

（2）气候变化应对基础设施建设和相关法律政策制定亟须加速。

（四）生态系统保护修复方面

在生态系统保护修复方面面临的突出问题与严峻挑战有：

（1）青藏高原生态系统保护修复标准体系建设、新技术推广、科研成果转化等方面欠缺，重大生态工程成效评估机制有待完善；

（2）生态理论研究与工程实践存在一定程度的脱节现象，关键技术研发成果转化不足。

（五）技术人才培养和地方科技力量培育方面

在技术人才培养和地方科技力量培育方面面临的突出问题与严峻挑战有：

（1）从事高寒极端环境监测的专业人才相对稀缺，特别是懂关键技术的技术支撑人才稀缺；

（2）西藏、青海等青藏高原本地的人才稀缺。

第四节　青藏高原生态屏障建设的 关键性科技任务与平台

在新发展阶段，针对青藏高原生态屏障区建设的问题症结与科技需求，重点从气候变化、水安全、灾害防控、碳中和、生物多样性保护等方面，开展青藏高原气候变化综合立体监测与科学评估、"亚洲水塔"变化与水安全综合科学考察研究、青藏高原重大复合链生灾害研究、青藏高原碳源汇专项调查研究、青藏高原生物多样性保护调查研究、生态修复新技术研发、跨境污染物预警及其应急防控、清洁能源精细化评估等多项关键性科技任务，同时，着力推进青藏高原生态综合监测网络和大数据平台建设。

一、青藏高原气候变化综合立体监测与科学评估

开展青藏高原气候变化的科学机理、监测预警、检测归因、预测预估及其气候影响方面的科学任务。揭示青藏高原气候变化的规律和与生态环境的交互影响，提升青藏高原气候系统的、多圈层的、精细化的综合立体观测能力，为减少青藏高原气候预警系统的不确定性、科学评价气候变化影响提供基础支撑。加强技术支撑平台包括预警预报方法理论、综合立体监测和数据平台建设，加速气候变化应对基础设施建设。

二、"亚洲水塔"变化与水安全综合科学考察研究

在重要江河湖流域建立冰川、湖泊、径流、生态等多圈层综合观测平台，系统开展综合科学考察研究。揭示流域—区域尺度的"亚洲水塔"各组分的链式响应过程和机制，揭示"亚洲水塔"不同水体变化拐点阈值及其突变风险，为青藏高原生态文明高地建设与可持续发展提供基础数据和平台支撑。建设"亚洲水塔"国际观测研究网络和跨境冰川灾害的监测预警平台，建立区域水资源和水灾害防范合作示范区，服务绿色丝绸之路建设。

三、青藏高原重大复合链生灾害研究

聚焦青藏高原上的冰崩、冰湖溃决、滑坡、泥石流等重大复合链生灾害，开展重大工程风险甄别。实现孕灾致灾机理与防治基础理论突破，研发多尺度定量模拟预测与评估关键技术。建立基于智能识别的自动监测预警示范平台，研制重大灾害情景模拟系统和智慧减灾决策系统。

四、青藏高原碳源汇专项调查研究

开展青藏高原典型生态系统、土壤和冻土碳库专项调查，预估未来气候变化情景下青藏高原碳源汇的变化和风险。加强自然保护地保碳增汇及生态工程增碳促汇等方面的研究，特别是加强多年冻土区冻融预防与治理技术、退化草地修复微生物调控技术的研究，从而确保"碳中和"示范区各项措施的顺利实施。

五、青藏高原生物多样性保护调查研究

对青藏高原生态保护空白、薄弱与关键区域开展动物、植物、微生物多样性调查与种质资源收集保存，建立部分物种基因资源库，系统掌握青藏高原生物多样性家底现状，分析生物多样性空间格局，揭示其形成和维持机制。优化建设动植物园、濒危植物扩繁和迁地保护中心、野生动物收容救护中心和保育救助站、种质资源库、微生物菌种保藏中心等各级各类抢救性迁地保护设施，填补重要区域和重要物种保护空缺，完善生物资源迁地保存繁育体系。

六、生态修复新技术研发

开发青藏高原生态屏障区生态修复现状判别与变化预判技术，创制生态修复草种的种质资源与新材料，研发退化草地修复微生物调控、多年冻土区冻融灾害预防与治理、生态工程碳增汇及生物多样性修复等技术体系，提出生态产品价值实现及生态衍生业的实现路径。

七、跨境污染物预警及其应急防控

夯实科学基础，全面认清污染物跨境输入青藏高原的过程、机理、强度和影响。全面提升防控能力，实现对高原和周边大气污染物的网络化智慧化观测，对大尺度区域性事件及跨境污染做出预警并实施应急环境防控。推进实施协同管控，实现高原及周边区域污染物的协同减排和控制，推进跨境自然保护区的环境协同修复和保护工程，以争取在国际环境外交中的话语权。

八、清洁能源精细化评估

对青藏高原水能、风能、太阳能、地热能等清洁能源开展精细化评估，提升清洁能源利用技术，并针对青藏高原清洁能源的开发与利用，提出可持续发展的建议。

九、青藏高原生态综合监测网络和大数据平台建设

重点整合地面监测台站网络资源，形成多部门所属、统一标准规范的青藏高原生态监测网络；发射青藏高原环境监测卫星，增加监测的时效性、连续性和针对性；重视空中飞行器的开发和使用，增强卫星与地面监测的互补性、有效性和真实性；建立数据汇集、生产和推送的综合管理中心，实现生态科学化、智能化、精准化管理。整合现有数据资源，建立科研项目数据汇交规范，控制数据汇交质量，实现数据开放共享；服务国家重大需求，为第二次青藏高原综合科学考察研究、川藏铁路建设和雅鲁藏布江下游水电开发服务提供基础数据和技术支持，支撑地方绿色发展；编写中印边界西段区域地理环境数据分析报告，以服务国家安全。在国际青藏高原数据科学领域发挥主导作用，进一步扩大国际影响力。

本章参考文献

[1] 姚檀栋，邬光剑，徐柏青，等."亚洲水塔"变化与影响.中国科学院院刊，2019，34（11）：1203-1209.

[2] 陈德亮，徐柏青，姚檀栋，等.青藏高原环境变化科学评估：过去、现在与未来.科学通报，2015，60：3025-3035，1-2.

[3] 徐柏青. 青藏高原气候变化：变暖变湿. 人民日报，2015-12-02（16）.

[4] 崔雪芹. 亚洲水塔：最重要又最脆弱. 中国科学报，2019-12-20（3）.

[5] 汪涛，王晓昳，刘丹，等. 青藏高原碳汇现状及其未来趋势. 中国科学：地球科学，2023，53（7）：1506-1516.

[6] 中华人民共和国国务院新闻办公室.《青藏高原生态文明建设状况》白皮书. http://www.scio.gov.cn/zfbps/ndhf/2018n/202207/t20220704_130606.html[2018-07-18].

[7] 秦克章，赵俊兴，何畅通，等. 喜马拉雅琼嘉岗超大型伟晶岩型锂矿的发现及意义. 岩石学报，2021，37（11）：3277-3286.

[8] 郭伟康，李光明，付建刚，等. 喜马拉雅成矿带嘎波伟晶岩型锂矿成矿时代、岩浆演化及成矿指示意义. 地学前缘，2023，30（5）：275-297.

[9] 习近平. 习近平致中国科学院青藏高原综合科学考察研究队的贺信. http://www.xinhuanet.com/politics/2017-08/19/c_1121509919.htm.

[10] 岳劲松，唐淑楠. 做好西藏工作，总书记这样强调. http://www.qstheory.cn/zhuanqu/2020-08/29/c_1126429458.htm[2020-08-29].

[11] 习近平主持召开中央全面深化改革委员会第二十次会议. https://www.spp.gov.cn/tt/202107/t20210709_523412.shtml[2021-07-09].

第七章

科技支撑黄土高原生态屏障区建设

黄土高原是黄河流域的关键生态屏障，为保护黄河安澜、华北平原安全及黄河中游能源基地和粮食安全提供了重要的屏障作用。以黄土高原为核心的半干旱半湿润带可以作为新时期加强西部生态屏障建设的突破口，对于整个西部生态屏障建设具有事半功倍的成效。自 20 世纪 50 年代以来，在党和政府的坚强领导下，经过几代人的持续努力，黄土高原生态屏障建设取得了举世瞩目的成就，生态质量明显好转，水土流失显著减弱，入黄泥沙量大幅减少，保障了黄河 70 年的安澜。然而，在全球气候变化的影响下，黄土高原生态屏障建设仍然面临水沙屏障功能不稳、水资源矛盾突出、生态质量总体不高等新问题，这些问题影响了黄土高原生态屏障功能的稳定性和持久性。为此，亟须在黄土高原国土整治"28 字方略"（全部降水就地入渗拦蓄，米粮下川上塬、林果下沟上岔、草灌上坡下坬）和新时代黄土高原生态环境综合治理"26 字方略"（塬区固沟保塬，坡面退耕还林草，沟道拦蓄整地，沙区固沙还灌草）的基础上，聚焦"全球气候变化和大规模人类活动对黄土高原生态屏障的影响及应对"这一核心科学问题，围绕黄土高原产水产沙情景预测、不同地域生态经济协调发展模式等关键性问题加强科技攻关，加快黄土高原生态屏障区野外科学观测网络与平台的建设，系统提升黄土高原生态屏障建设的科技支撑能力。

第一节　黄土高原生态屏障的主要特征

黄土高原地处我国地势的第二阶梯，是我国四大高原之一，其主体位于黄河中游，面积约 64 万平方公里，横跨 7 个省（自治区）。黄土高原是典型的半湿润—半干旱、森林草原—草原荒漠、农业—畜牧业的过渡地带，因此是我国西部生态屏障建设的核心区和关键区。

从地球系统看，黄土高原的形成与我国西北地区干旱化、青藏高原隆升等密切相关。在干旱条件下，西北内陆广大沙漠、戈壁和湖盆沉积产生的粉砂物质，在风力搬运下堆积形成了厚达 100～400 米不等的黄土沉积序列。黄土—古土壤序列的交替出现，完整地记录了第四纪以来东亚冬、夏季风的盛衰及其与全球冰盖消长的关系，与"冰芯"和"深海沉积物"并列成为全球气候变化研究的三大支柱。

从地理环境看，黄土高原深受东亚季风影响，降雨集中且以暴雨形式为主，加之黄土的土质疏松多孔、易于侵蚀，因此水土流失是黄土高原最为严峻的生态环境问题。受流水侵蚀的影响，黄土高原地形破碎、千沟万壑，长度大于 500 米的侵蚀沟道有 66.7 万多条。强烈的侵蚀作用导致每年有数亿吨泥沙进入黄河下游，造成下游河道淤塞严重，形成了著名的"悬河"。

从资源禀赋看，黄土高原北部及相邻沙地能源资源极其丰富，为区域资源环境承载力的提升及将"绿水青山"转化为"金山银山"提供了有利条件。黄土高原地域功能独特、发展潜力巨大，与青藏高原、内蒙古高原和云贵高原相比，是最有条件建设成为我国西部人与自然和谐共生、生态与经济协调发展的国家战略示范区。

第二节　黄土高原生态屏障的战略地位

黄土高原的战略地位需放在西部生态屏障建设的全局来看。近年来，我国西部生态屏障建设面临诸多问题与挑战。在自然条件方面，我国西北地区沙漠、戈壁广布，干旱少雨，水资源仅占全国的 9%。[1] 近年来，西北气候呈现"暖湿化"趋势，但对于气温升高、蒸发强烈、年降水量少的沙漠戈壁而言无异杯水车薪，且具有较大的不确定性，生态建设全面铺开不切实际，必须抓住关键突破口。在经济发展方面，自实施西部大开发战略以来，我国西部地区的经济社会发展取得了历史性成就，但西北五省（自治区）2023 年的地区生产总值总和仅为 7.4 万亿元，约占国内生产总值的 5.9%[2]，经济实力较弱，社会发展水平偏低。西部地区面积广阔，实施生态保护工程和经济建设项目投资大，与当地的财政实力和投资水平不相匹配。此外，西部地区还面临着气候变化和大规模人类活动的挑战，干旱强度高、降水变率大、极端气候事件频发、自然灾害严重。同时，重大基础工程和大规模矿产资源开发，对西部生态环境构成了严峻的挑战。此外，西部增绿不增收问题较为普遍。近年来，随着返乡农民数量的增多，人地矛盾日益凸显，巩固生态成果的难度也日益增大。如何实现生态建设和富民增收并举是面临的重大挑战之一。

以黄土高原北部为核心的我国西部半干旱带介于东部湿润区和西部干旱区之间，年降水量为 200～500 毫米，地处我国季风区前缘，呈东北—西南向分布，长约 4200 公里，宽约 640 公里，面积约 260 万平方公里。气候由半湿润向干旱、植被由草原向荒漠、生产方式由农业向畜牧业过渡，是西部大开发、乡村振兴、美丽中国建设等国家战略，"三北"防护林建设工程，以及共建"一带一路"倡议、中蒙俄经济走廊等的交会地区。2024 年 6 月，习近平总书记在宁夏考察时指出，宁夏地理环境和资源禀赋独特，要走特色化、差异化的产业发展路子，建设黄河流域生态保护和高质量发展先行区。[3] 西部半干旱带之所以能成为新时期加强西部生态屏障建设的突破口，主要基于以下优势：①自然环境和水热条件相对适宜，是连接青藏高原、内蒙古高原和黄土高原的纽带，适宜开展生态建设；②自然资源富集，经济基础好，人口较多，煤炭、石油和天然气储量占全国总储量的 70% 以上 [4]，具备开展大规模生态建设的

117

经济条件；③处于国家发展战略实施的交会地带，有利于发挥国家政策优势；④集中力量开展半干旱带生态屏障建设，将有效阻挡沙漠东进，促进草原带西移，具有事半功倍的成效。

第三节　黄土高原生态屏障建设成效与面临的挑战

中华人民共和国成立以来，党和国家高度重视黄土高原生态屏障区水土保持工作，黄土高原生态屏障建设取得了显著成效，同时也面临一系列问题和挑战。

一、黄土高原生态屏障建设成效显著

迄今，水利部、中国科学院先后组织了四次黄土高原综合考察，分别为 1955～1958 年的黄河中游水土保持综合考察、1985～1990 年的黄土高原地区综合科学考察、2005～2007 年的黄土高原水土流失与生态安全综合科学考察、2014～2019 年的黄土高原生态系统与环境变化考察。2023 年，中国科学院地球环境研究所和长安大学再次发起黄河全流域综合科学考察，拉开了第五次科学考察的帷幕。

为提升黄土高原生态屏障区建设的科技支撑能力，中国科学院、水利部、科技部先后组建多个科研机构平台，深入推进观测研究，联合推进黄土高原地质、地理、水利、水保、旱地农业观测与研究工作。例如，1995 年，黄土与第四纪地质、黄土高原土壤侵蚀与旱地农业两个国家重点实验室通过国家验收。

经过中央和地方的长期科技投入与战略布局，尤其是 1999 年实施退

耕还林草政策以来，黄土高原得以休养生息。同时，科技创新在支撑黄土高原生态屏障区建设中发挥了至关重要的作用，总体成效和标志性成果十分显著。

（1）黄土高原植被覆盖度显著提高，实现了由"黄"到"绿"的转变，取得了世纪性成就，林草植被覆盖率从 1999 年的 31.6% 提高到 2020 年的 67%，植被指数增长率高于全国整体水平，引领全国"变绿"。

（2）生态系统水土保持功能显著提升，侵蚀强度明显减弱，入黄泥沙量大幅下降，2001～2020 年黄河中游平均输沙量降至 2.4 亿吨，已达到 1000 多年前人类活动干扰破坏较弱时期的输沙量水平。[5]

（3）农业生产能力显著改善，农民收入结构不断优化，农村脱贫攻坚取得了历史性成就，农民增收渠道向非农就业、果园经营、生态补偿、入股分红等多元渠道拓展。截至 2020 年，黄土高原地区贫困人口全部脱贫，贫困县全部摘帽。

（4）经济社会快速发展，产业模式日益多元化，"三生"空间格局不断优化，农民人均纯收入由 2000 年的 1916 元增长到 2020 年的 14 400 元，农业生产由坡地向沟道和川地集中，居民生活逐渐从山坡向沟口地带和中心城镇集中，塬面保护成果显著。[6]

二、黄土高原生态屏障建设面临的问题和挑战

随着气候变化和大规模人类活动的加剧，黄土高原面临一系列气象和地质灾害问题，这些问题成为黄土高原生态屏障建设和高质量发展的制约因素。暴雨、地质灾害对生态安全和流域高质量发展产生了重大威胁，黄河下游的洪灾风险不能排除；黄土高原地下水位持续下降，河流产水量普遍减少，植被恢复接近水资源可持续利用的上限，制约了区域生态－经济－社会的平衡和可持续发展；黄土高原粗沙区及"几字弯"荒

漠化治理、黄土高原—黄河的水沙平衡依然是关键性的科学和生态难题。

近 20 多年来，资源开发和能源产业的快速发展带动了黄土高原资源富集区和城市区域的经济增长，但黄土高原各地经济发展水平仍然总体偏低，广大乡村发展滞后的境况仍未从根本上改变，生态保护、经济发展与民生保障的矛盾依然存在。黄土高原地区经济转型升级面临的矛盾和问题突出，一方面，"富区不富民"的问题日益凸显，成为黄土高原实现人地系统协调和可持续民生保障的"难中之难"；另一方面，延续至今的黄河"八七"分水方案与现阶段生态建设和经济社会发展要求不相匹配。

进入新发展阶段，科技支撑黄土高原生态屏障区建设肩负新的使命。2019 年 9 月，黄河流域生态保护和高质量发展上升为国家战略。首先，如何高质量推进黄土高原水土保持和天然林保护，持续巩固退耕还林还草和退牧还草成果，科学开展水土流失综合治理，有效改善中游地区生态质量，成为新时期黄土高原生态屏障建设面临的新挑战。其次，黄土高原最有条件建设成为我国西部生态与经济协调发展的国家战略示范区，实现区域经济社会可持续发展，但如何实现，急需科技支撑。习近平总书记在 2023 年 6 月召开的加强荒漠化综合防治和推进"三北"等重点生态工程建设座谈会上强调，要全力打好黄河"几字弯"攻坚战。[7] 位于黄土高原北部的黄河"几字弯"，以不足 6% 的国土面积提供了全国 50%以上的煤炭能源。[8] 如何统筹实现打赢黄河"几字弯"攻坚战和保障国家能源基地安全双重目标，急需科技的有力支撑。

面对生态文明建设和高质量发展要求，科技支撑黄土高原生态屏障区建设还需回答以下问题：

（1）如何贯彻落实习近平总书记提出的"绿水青山就是金山银山"的理念，在黄土高原走出一条生态与经济协调发展、人与自然和谐共生的道路；

（2）如何从整体系统的角度考虑黄土高原和黄河的关系，进而确定黄土高原生态屏障建设的目标定位和实现途径；

（3）如何从黄土高原自然－经济－社会协调发展的角度考虑黄土高原水资源的承载力，确定多目标水资源利用的生态保护和产业发展布局、规模和实现途径；

（4）如何从全球气候变化的角度考虑黄土高原和黄河面临的极端气候灾害风险，应对未来黄河可能面临的洪涝和断流风险；

（5）如何从山水林田湖草沙系统治理角度推进水土保持建设，平衡黄土高原北部粗沙防治与黄河安澜的关系，确定林草植被恢复到什么程度较为合理，构建水土保持高新技术体系；

（6）如何从大规模人类活动和保障国家能源基地安全的角度考虑黄河"几字弯"绿色能源基地建设，保障黄河"几字弯"能源基地和黄河中下游水质安全。

第四节　黄土高原生态屏障建设的关键性科技任务

黄土高原生态屏障区建设背后的核心科学问题是全球气候变化和大规模人类活动对现存生态屏障的影响及应对措施，实现人与自然和谐共生、生态与经济协调发展，切实保障黄河安澜，推动黄河流域高质量发展。未来 10～20 年是黄河流域国家战略全面实施的关键时期，也是黄土高原生态屏障建设的最佳时期。在此期间，黄土高原生态屏障建设，既要实现水土保持成果的巩固提升，也要保障黄河中下游地区的水资源安全和高质量发展。

一、新发展阶段的重大需求

在新发展阶段，黄土高原生态屏障区建设对科技创新提出了新的重大需求，主要体现在以下五个方面。

（1）需要科学确定不同情景下黄土高原产水产沙与黄河水沙平衡的阈值关系，确定黄土高原粮果种植需要的合理土地规模、植被恢复的最佳模式和覆盖度、淤地坝－梯田等水土保持工程的合理实施强度、水土保持措施调控黄河水沙的潜力和最优方案。

（2）需要科学评估黄土高原和黄河水资源的承载力与未来发展趋势，厘清不同地理功能区水－生－粮－能的协调关系和水资源的刚性约束，提出科学合理的黄河水资源分配方案，支撑黄土高原生态保护和高质量发展。

（3）亟须研发黄河"几字弯"能源基地绿色矿山修复技术、固废全量资源化利用技术和矿区地质灾害防控技术，建设示范工程，为黄河"几字弯"大规模能源资源开发引起的生态地质和环境污染问题提供解决方案。

（4）需要预测和评估全球气候变化背景下黄土高原和黄河中下游地区可能面临的极端灾害风险，建立完善的灾害（突发性灾害事件）风险防控体系，保障中下游地区人民的生命财产安全。

（5）在新时代黄土高原生态环境综合治理"26字方略"基础上，把生态治理和发展特色产业有机结合起来，提出生态与经济协调发展的不同地域模式，促进农民富裕、人地协调和区域可持续发展。

二、未来工作重点

当前，我国在黄土高原生态建设研究中已经取得了一定的基础。20

世纪 80 年代，朱显谟院士研究提出的黄土高原国土整治"28 字方略"，为黄土高原植被恢复和旱地农业发展提供了重要指导。在此基础上，周卫健、安芷生院士等于 2016 年提出了新时代黄土高原生态环境综合治理"26 字方略"，为深入开展黄土高原生态屏障区建设奠定了重要的科学基础。

在此基础上，针对新时期黄土高原生态屏障区建设，应加快落实以下十个关键性科技任务：

（1）气候、生态、地质和环境变化的基线、规律与发展趋势；

（2）水资源 – 水生态 – 水污染 – 固废融合共治与水资源优化配置；

（3）多沙粗沙区和黄河"几字弯"荒漠化治理与黄河水沙平衡调控；

（4）植被建设的林草粮果配置与塬坡沟沙系统治理；

（5）水土保持高质量发展途径及其与黄河水沙的关系；

（6）水土 – 植被 – 粉尘 – 碳汇等生态屏障功能对全球气候变化的响应与优化调控；

（7）极端气候事件和重大工程对生态屏障的影响与应对；

（8）黄河极端旱涝事件与黄河下游和三角洲环境安全与应对；

（9）山水林田湖草沙系统治理与经济社会协调发展的乡村振兴地域模式；

（10）黄土高原人地协同和生态屏障建设创新路径与区域地球系统理论。

聚焦上述关键科技问题，要查明黄土高原气候、生态和环境变化的基线，掌握发展规律；评估气候暖湿化趋势及影响，优化林草植被建设；科学布局水土保持工程，统筹水土保持与旱作农业高效发展，科学调控黄河水沙；科学配置黄河水资源，强化水资源刚性约束；建立环境安全和灾害应对体系，推进矿区综合整治与固废全量资源化利用；建立生态与经济协调发展的不同地域模式，构建人与自然和谐共生的经济社会发

展体系。

其阶段性目标是，要在未来 5～10 年，揭示黄土高原生态环境资源的本底值和承载力，提出区域生态屏障建设、人地协调和高质量发展机制与典型模式，形成黄土高原生态屏障建设的理论体系和技术体系。到 2050 年，全面构建黄土高原生态屏障区建设的多个关键性科技创新与保障体系，取得重大成效，形成科技支撑第二个百年奋斗目标的亮点成果。

第五节　黄土高原生态屏障的科技支撑平台建设

黄土高原生态屏障区野外科学观测网络与数据平台建设是科技创新的基础。通过长期的野外定位观测获取科学数据，开展科学试验研究，加强科技资源共享，为科技创新提供了强有力的条件保障。黄土高原生态屏障区野外科学观测网络与数据平台对于黄河流域生态保护和高质量发展政策的制定至关重要，有助于提出生态保护与高质量发展的重大理论与技术问题，培养一流人才，产出重大科研成果。

当前，中国科学院在黄土高原地区建设有近 20 个野外台站，为研究黄土高原水土流失、生态恢复、旱地农业发展中的重大生态问题提供了重要的数据支撑和科研平台。因此，要提升黄土高原野外台站的统一化和体系化支撑能力，建设黄土高原多源数据库，建成黄土高原生态屏障区野外观测网络、灾害预警预测和大数据与人工智能管理平台、全国重点实验室等，创新黄土高原生态屏障区人才培养模式与科技创新机制，为黄土高原生态屏障建设提供基础性科技支撑。在国家层面，黄土高原生态屏障区野外科学观测网络与数据平台建设可作为科技部和中国科学院野外台站的重要组成部分，强化西部野外观测网络的联系，推进西部生态环境建设信息的交流，有利于西部人才培养和科研成果产出。

其阶段性目标是，要在未来 5～10 年，统筹推进黄土高原生态屏障区野外科学观测网络与数据平台；到 2050 年，创新发展国际一流的黄土高原生态屏障智慧管理平台，提出生态屏障建设的最佳路径和系统方案。

本章参考文献

[1] 计文化，王永和，杨博，等.西北地区地质、资源、环境与社会经济概貌.西北地质，2022（3）：15-27.

[2] 国家统计局.年度数据.https://data.stats.gov.cn/easyquery.htm?cn=Col[2024-06-30].

[3] 新华社.习近平在宁夏考察时强调：建设黄河流域生态保护和高质量发展先行区 在中国式现代化建设中谱写好宁夏篇章.https://www.gov.cn/yaowen/liebiao/202406/content_6958575.htm[2024-06-21].

[4] 自然资源部.自然资源部发布的 2021 年全国矿产资源储量统计表.https://www.mnr.gov.cn/sj/sjfw/kc_19263/kczycltjb/202208/P020220826381270433017.pdf[2022-08-26].

[5] Chen Y P, Wang K B, Lin Y S, et al. Balancing green and grain trade. Nature Geoscience, 2015, 8: 739-741.

[6] 傅伯杰，刘彦随，曹智，等.黄土高原生态保护和高质量发展现状、问题与建议.中国科学院院刊，2023, 38: 1110-1117.

[7] 国家林业和草原局.坚决打好"三北"工程攻坚战.http://www.qstheory.cn/dukan/qs/2023-11/16/c_1129973815.htm[2023-11-16].

[8] 阎晓娟，魏锦萍.魅力黄河"几"字湾.http://www.xian.cgs.gov.cn/kpzs/dlqg/202106/t20210617_673604.html[2021-06-17].

第八章

科技支撑云贵川渝生态屏障区建设

云贵川渝生态屏障区是我国"两屏三带"生态安全格局的重要组成部分，东西横跨三大阶梯，是我国最重要的生态过渡带。区域内涵盖了寒带、温带、亚热带和热带等多种气候类型，孕育了除海洋和沙漠之外的所有生态系统类型，是我国生物多样性最丰富的地区，全球 36 个生物多样性热点地区之一"中国西南山地"正位于其中；区域内总体降水丰沛、水资源和水能资源丰沛，是长江、黄河、澜沧江—湄公河、珠江等众多亚洲主要河流的水源涵养地和水量补给地，是我国最重要的水电与风光清洁能源基地，由此奠定了国家"西电东输"战略的基础。近几十年来，云贵川渝生态屏障区建设取得显著成效，水土流失基本得到遏制，石漠化生态修复研究取得系列突破，生物多样性保护成就卓著，山地灾害防治成效明显，污染防治与生态产业发展协同推进。鉴于云贵川渝生态屏障区自然生态本底脆弱与资源开发力度持续增强之间的矛盾，在今后相当长一段时期内，应该继续围绕区域内普遍存在的特有生态问题难点，聚焦生物多样性保护、退化生态系统修复和山区可持续发展，不断加强基础研究和关键技术攻关，全面提升生物多样性、生态环境及灾害的监测和预警能力，服务于云贵川渝生态屏障区的系统性建设，为"联合国可持续发展目标 2030"（SDGs 2030）、"昆明 – 蒙特利尔全球生物多样性框架"（"昆蒙框架"）、"联合国生态系统恢复十年"的履约提供强有力的科技支撑。

第一节　云贵川渝生态屏障的主要特征

云贵川渝生态屏障区位于中国西南腹地，地处长江、黄河、澜沧江与珠江上游，包括云南省、贵州省、四川省和重庆市"三省一市"，共涉及 436 个（自治）县（区）。地域范围介于东经 97° 10′ ～110° 30′，北纬 20° 50′ ～34° 05′ 之间，总面积约为 113 万平方公里，约占全国陆地总面积的 11.75%。区域内总人口 2.016 亿，占长江经济带的 33.2%；土地面积 112.3 万平方公里，耕地面积 1596.6 万公顷，分别占长江经济带的 55.1% 和 41.8%；地区生产总值为 115 950 亿元，占长江经济带的 24.6%，人均地区生产总值为 57 515 元，仅为长江经济带的 70%；城镇化率为 56.5%，较长江经济带平均水平低约 8 个百分点。

云贵川渝生态屏障区西接我国地貌格局的第一级阶梯，纵贯第二级阶梯，东连第三级阶梯，是我国最重要也是最典型的生态过渡带，地跨青藏高原、云贵高原、横断山脉、川中丘陵盆地和川东（渝）平行岭谷等地貌单元，地势西高东低，由西北向东南倾斜。云贵川渝生态屏障区因海拔高差大、地形复杂多样，造成山地环境脆弱、灾害频发，并且对气候变化与人类活动敏感。该区域拥有寒带、温带、亚热带和热带等多种气候类型，众多山系和河流呈南北走向，独特的地质、地形与气候条件使得区域内的生物多样性十分丰富，生态系统类型复杂，涵盖了除海洋和沙漠之外的地球上所有的生态系统类型，植被分布的垂直地带性特征非常明显。

云贵川渝生态屏障区作为世界上生物多样性特别是山地生物多样性最为丰富的地区之一，是中国—喜马拉雅植物区系的分布、分化中心，也是世界上云杉、冷杉、杜鹃、报春、百合等属植物的集中分布区，其高山植物的多样性在全球独占鳌头，其分布的高等植物种类占全国的 60% 以上。同时，该区域位于古北界和东洋界的交汇处，由于地理和气候的过渡性，两界之间的动物种类相互混杂、相互渗透，形成了十分丰富而独特的动物类群特征，是大熊猫、小熊猫、金丝猴、羚牛等众多珍稀濒危物种在我国最主要甚至是唯一的分布区；此外，该区域内的两栖爬行类、鱼类、鸟类物种不仅多样性丰富，特有性也十分高，是我国最重要的野生生物基因库，其分布的野生动物种类占全国的 60% 以上。区域内分布有川滇森林及生物多样性、桂黔滇喀斯特石漠化防治、秦巴生物多样性、三峡库区水土保持、武陵山区生物多样性与水土保持、若尔盖草原湿地等 7 个国家重点生态功能区，占全国重点生态功能区的 28%。"中国西南山地"是全球 36 个生物多样性热点地区之一 [1]，也是我国 4 个全球生物多样性热点地区中唯一全部位于我国境内的热点地区，因此，保护好该区域的生物多样性对于实现"昆蒙框架"确定的全球目标意义重大。同时，该区域还拥有 7 个国家生物多样性保护优先区、6 个国家重点生态功能区、64 个国家级自然保护区、127 个省级自然保护区、9 个世界自然遗产地，其地位在我国生物多样性保护和生态恢复行动计划中举足轻重。

第二节　云贵川渝生态屏障的战略地位

云贵川渝生态屏障区是我国"两屏三带"生态安全格局的重要组成部分，地处青藏高原生态屏障区和川滇—黄土高原生态屏障区的核心交会区，作为长江、黄河、澜沧江、珠江等众多河流主要的水源涵养地和重要的水量补给地，被称为"东方水塔"。该区域丰沛的降水和丰富的水资源奠定了我国"南水北调"西线、"滇中引水"等重大跨流域调水工程的基础，对构建我国稳定的水网格局、保障我国水资源安全具有重要的战略意义，并将直接影响到长江和珠江上游与西部生态屏障建设的成效。

云贵川渝生态屏障区山地众多，自然条件良好，显著的地理高差造就了复杂多样的气候环境，形成了丰富的生物多样性。这为生物资源的可持续利用奠定了扎实的物质基础，也为生态安全屏障建设提供了资源保障。该区域在水源涵养、水土保持、调节气候、生物多样性保护等方面具有极高的生态价值，是长江流域和西部生态环境的过滤器、净化器和稳定器，与周边重要生态功能区共同构建起了我国西部生态安全战略格局的基石。

云贵川渝生态屏障区还是长江、黄河、澜沧江、珠江等流域上游物质的主要输入源区，也是国家重要水电与风光清洁能源的基地和"西电东输"的基地。该区域的东部和东南部拥有典型的喀斯特地貌，是中国乃至全球最大的"岩溶固碳"地区，在岩溶固碳方面潜力巨大；同时，该区域还分布有同纬度全球最大的高寒泥炭湿地——"若尔盖湿地"，其土壤中的有机碳储量对于区域碳平衡至关重要。因此，保护和恢复云贵川渝生态屏障区的森林、草地、湿地和喀斯特生态系统碳汇，对于实现我国"双碳"目标具有重大意义，并且对于确保长江经济带的长治久安至关重要。

第三节　云贵川渝生态屏障建设成效与面临的挑战

自党的十八大做出"大力推进生态文明建设"的战略决策以来，我国开始着力构建黄土高原—川滇生态屏障带，打响了"碧水、蓝天、净土"三大保卫战。近年来，我国持续加强云贵川渝生态屏障区建设部署，并取得了一系列重要进展，但也面临诸多新的问题与挑战。

一、云贵川渝生态屏障建设成效显著

2016 年，习近平总书记在重庆首次高瞻远瞩地提出了"要把修复长

江生态环境摆在压倒性位置，共抓大保护、不搞大开发"。[2] 2018 年，国务院部署实施《长江保护修复攻坚战行动计划》。2020 年，国家部署了推动成渝地区双城经济圈建设、打造高质量发展重要增长极的重大决策。同年，《全国重要生态系统保护和修复重大工程总体规划（2021—2035年）》发布，长江重点生态区（含川滇生态屏障）和黄河重点生态区是规划的重点区和关键区。2021 年 9 月，《中共中央 国务院关于完整准确全面贯彻新发展理念做好碳达峰碳中和工作的意见》明确提出，稳定现有森林、草原、湿地、喀斯特等固碳作用，积极推动喀斯特碳汇开发利用，为云贵川渝地区生态文明建设、乡村振兴和"双碳"目标的实现提供了系统解决方案。

（一）开展的相关工作

中国科学院长期布局西南地区的资源开发与环境保护科技发展，先后建立了 7 个与生物多样性与资源环境领域相关的研究所，共建成了12 个生态环境要素观测的野外科学观测研究站，其中 5 个进入国家重点野外科学观测站系列，6 个观测台站被选入中国生态系统研究网络。这些研究网络对云贵川渝生态屏障区的森林、草地、农田、湿地等生态系统及喀斯特石漠化区、干热河谷区、三峡库区等典型生态脆弱区开展了长期持续的野外观测研究。与此同时，中国科学院围绕西部生态环境演变过程、影响机制、发展趋势等设立了一系列院级重大、重要方向和重要领域前沿等不同层次的科研项目，为国家西部大开发战略的制定和实施提供了历史和现实的科学依据和技术支撑。

1. 开展了长江上游小流域生态恢复治理和水土流失控制的系统研究和试验示范

在中国科学院的长期支持下，针对长江上游生态退化和水土流失的严重问题，系统开展了长江上游不同尺度的流域生态恢复与水土流失控制研究，在岷江上游和川西北草（湿）地开展了卓有成效的生态恢复试验示范，有效遏制了江河上游的生态退化状况；阐明了金沙江、嘉陵江和三峡库区的侵蚀产沙规律，科学评价了长江上游侵蚀产沙现状，预测了未来的发展趋势。这些研究成果为长江上游生态屏障建设、三峡工程、金沙江下游梯级水电等超大水电工程建设和山区发展等国家宏观决策提供了科学依据，为脆弱生态区与受损生态系统的生态恢复提供了关键技术与示范模式。

2. 系统开展了石漠化环境退化与生态修复的理论研究与治理实践

作为引领世界喀斯特系统科学研究的主要科技力量，以及我国石漠化环境过程与生态修复研究的发源地之一，中国科学院研发了石漠化治理系列技术，建立了喀斯特石漠化坡地垂直带谱治理模式及示范基地，创建了不同地貌单元的石漠化治理新范式，成果在乌蒙山区、武陵山区、滇黔桂石漠化山区等西南 3 个集中连片特困地区得到了广泛应用和推广。这为国家长江生态环境保护修复联合研究等国家重大战略任务提供了重要的科技支撑服务，在生态环境领域具有鲜明区域特色和不可替代性。

3. 针对水体和土壤污染开展了综合防治研究和治理示范，研发出了一系列具有自主知识产权的防控关键技术

提出了"减源、增汇、截获、循环"的流域综合治理与面源污染全程控制理论与技术体系，构建了生态清洁小流域技术体系与实体模式，面源污染得到了有效遏制。高原水环境治理成果在重点湖库治理工程中得到了推广应用，为高原湖泊富营养化、湖泊－流域水体修复与水质改善提供了适合规模化应用的共性与关键技术，为云贵高原湖泊环境治理提供了重要理论指导和技术支撑。在国家土壤污染综合防治工作中，一系列技术和治理模式得到推广应用，发挥了土壤污染防治的"排头兵"作用。

4. 培养建立了生物多样性保护研究队伍和科研主力军

中国科学院牵头组织了《云南植被》《云南植物志》《四川植被》《四

川植物志》等专著的编写，参与了《贵州植物志》的编撰工作，以及各类自然保护区本底调查、生物多样性编目和监测评估等工作。此外，中国科学院还参与了"大熊猫国家公园"、"若尔盖湿地国家公园"（筹建）的相关工作，为国家公园的建设、监测与管理提供了科技支撑。国家林业和草原局与中国科学院共建的国家公园研究院，已成为国家公园领域最具权威性和公信力的研究和决策咨询机构，为国家公园的科学化、精准化、智慧化建设与管理提供了科技支撑。中国西南野生生物种质资源库及中国科学院植物园体系为本地区珍稀濒危植物的迁地保护与种群重建等做出了重要的贡献。

（二）西南地区在生态建设方面取得的显著成效

在国家一系列重大部署和中国科学院相关研究力量的共同努力下，近年来，西南地区在生态建设方面取得了显著成效，支撑了区域的经济社会可持续发展。

1. 生态环境质量得到明显改善

通过加强环境保护和生态治理，西南地区的空气质量、水质和农村面源污染状况等得到了显著改善，森林、草地、湿地覆盖率不断上升，水体质量的提升为鱼类生物多样性的恢复奠定了基础。中央和地方政府通过实施天然林保护、退耕还林、石漠化综合治理等一系列生态修复工程，有效扩大了林草植被的覆盖面积，减少了水土流失，改善了生态环境，提升了生物多样性保护的整体水平。此外，通过采取一系列有效的水土保持和污染防控措施，水土流失问题得到了有效控制，土壤质量显著提升，从而为农业生产、粮食安全和生态安全提供了有力保障。

2. 生态系统服务能力持续提升

建立了生态监测站网并开展信息数据收集共享，在森林、草地、湿地、喀斯特生态系统保护修复基础理论、技术研发、产业示范等方面取

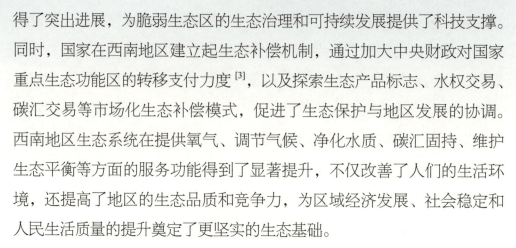

得了突出进展，为脆弱生态区的生态治理和可持续发展提供了科技支撑。同时，国家在西南地区建立起生态补偿机制，通过加大中央财政对国家重点生态功能区的转移支付力度[3]，以及探索生态产品标志、水权交易、碳汇交易等市场化生态补偿模式，促进了生态保护与地区发展的协调。西南地区生态系统在提供氧气、调节气候、净化水质、碳汇固持、维护生态平衡等方面的服务功能得到了显著提升，不仅改善了人们的生活环境，还提高了地区的生态品质和竞争力，为区域经济发展、社会稳定和人民生活质量的提升奠定了更坚实的生态基础。

3. 生物多样性保护取得巨大成绩

经过多年的不懈努力，生物多样性调查研究和保护工作成绩斐然：生态版图更大，野生动植物更多，绿色家底更厚，保护举措更实，生态防线更牢，治理格局更新，人与自然的关系更加和谐美好。为保护好生物的多样性，云南、四川、贵州和重庆全力推进自然保护地整合优化工作。同时，加强濒危动植物的迁地保护和野外回归保护，通过实施极小种群拯救保护计划，并建立植物园、动物园、中国西南野生生物种质资源库等迁地保护设施，云贵川渝濒危物种拯救和保护取得了明显实效，相关物种保护工作成绩写入《中国的生物多样性保护》白皮书。

4. 云贵川渝山地灾害防治成效显著

针对西南山地灾害防治与风险防控重大需求及挑战，相关高校和科研院所优势团队经过数十年努力，在山地灾害孕灾成灾致灾机理、风险评估、预测预报、监测预警、调控治理与应急减灾领域取得了系列突破与成果，构建了山区线性工程、水电工程、山区城镇、风景区等山地灾害防治技术体系与模式。以地震次生山地灾害为抓手，在突发性特大规模泥石流、高位崩塌、大规模滑坡和超大堰塞湖等山地灾害形成演化规律与防治技术取得了重大进展，山地灾害防治技术模式进一步优化。相关技术成果在川藏铁路、川藏公路、中尼公路、成昆铁路、西气东输等重大交通和能源资源工程，以及溪洛渡、白鹤滩等大型水电工程的防灾减灾中得到了广泛应用。

5. 污染防治与生态产业发展取得明显进展

云贵川渝紧密围绕"工业污染防治、生活污水治理、湖泊保护治理、长江（黄河）流域水系保护修复、饮用水水源地保护、城市黑臭水体治理、农业农村污染治理"等行动，全力打好碧水保卫战。充分发挥科技助力水污染防治的作用；全面实施《土壤污染防治行动计划》（简称"土十条"），稳步推进净土保卫战，土壤环境质量明显改善。"十三五"时期以来，云贵川渝土壤环境质量总体稳定，受污染耕地安全利用率均在95%以上，污染地块安全利用率100%。通过推广生态农业技术，减少农药、化肥的使用，提高农业资源利用效率，生态农业发展促进了农业产业结构调整和转型升级，提高了农业的附加值；利用西南地区独特的自然风光和生态资源发展生态旅游产业，促进了当地旅游业的升级换代，不仅为当地带来了经济收入，也增强了人们的生态环境保护意识。

二、云贵川渝生态屏障建设面临的问题和挑战

由于自然生态系统的脆弱性和长期不合理开发的累积影响，加之生态环境保护与区域经济社会发展的矛盾日益突出，云贵川渝生态屏障区的生态建设和可持续发展依然面临着诸多问题和挑战。

（一）全球气候变化条件下水资源开发利用与保护的矛盾加剧

云贵川渝生态屏障区虽然水资源丰富，但存在时空分布不均的问题，加之工程性调控能力不足，导致季节性和区域性缺水，这与经济社会发展的需求不相匹配，尤其是成渝地区、滇中高原、黔中地区水资源

供需矛盾突出；与此同时，该地区洪水和干旱频繁，水旱灾害是影响区域经济社会发展的主要因素之一。长江水系多数支流和干流区间的年径流量呈现逐年减少的趋势，洪枯期流量差距加大，且这一趋势正在逐渐增强，直接影响到流域的水资源调配和水能资源的开发利用。同时，部分支流水土流失问题仍然严重，部分河段和湖泊的水体污染没有得到根本遏制。在跨境水系中，澜沧江—湄公河、元江—红河等径流量递减明显。在未来全球气候变化条件下，流域水资源开发利用与跨境保护的矛盾趋于加剧。

（二）部分地区污染形势依然严峻，加剧了区域内的水土环境压力

云贵川渝生态屏障区的农业、农村面源污染负荷高于全国平均水平（尤其是氮磷污染尤为严重），污染面广、量大，而且流域的综合治理缺乏系统的科技支撑，"头痛医头，脚痛医脚"的现象依然普遍存在；高地质背景（尤其是喀斯特地区）叠加大规模的开发活动，导致云贵川渝地区土壤重金属 [铬（Cd）、汞（Hg）等] 的污染问题严重；陡峻地势与气候变化加剧了水土流失，加之土层瘠薄和土壤有机碳含量下降，造成坡地的地力退化、碳汇功能减弱，这不仅严重影响了区域内的土壤健康水平，还关系到区域的粮食安全和国家"碳中和"目标的实现；大宗固废（磷石膏、赤泥、锰渣、煤矸石等）密集分布，引发乌江、鱼洞河、安宁河等流域出现了严重的水土环境污染问题；西南土石山区和喀斯特地区独特的水文过程驱动污染物快速迁移，治污机制及其对水环境影响的基础科技支撑不足，加之跨界河流众多，使得局部污染演变成流域性污染；在气候变化、山地灾害和强烈人类活动的共同影响下，区域内的河流、湖泊和塘库均面临着不同程度的水体营养化问题、水体环境退化已严重影响到工业、农业和城市的可持续发展；养殖、食品、矿业等重点行业污染依然严重，抗生素、微塑料、纳米颗粒等新型污染物排放量巨大，

还没有得到各行各业应有的高度重视。

（三）长江上游水电梯级开发和基础设施密集建设引发的流域环境问题突出

西南山区密集布局的梯级水电、高速铁路、高速公路与矿产开发等工程活动对云贵川渝地区局部生态环境造成了重大影响与扰动，主要表现为植被破坏、侵蚀增强、水土流失加剧、斜坡失稳与山地灾害加剧等；反过来，生态系统破坏与山地灾害加剧又对工程安全造成了重大威胁。长江上游几乎所有干流、大/小支流均进行了水电资源的系列开发。这种水电开发引发了土地资源的短缺，而移民在坡地上的垦殖活动又加剧了生态环境的退化。例如，2018 年，金沙江白格滑坡 – 堰塞湖 – 溃决洪水，导致云南、四川、西藏三省（自治区）沿河 1000 公里范围内的水电站、村镇与基础设施受灾，直接经济损失超过 150 亿元。此外，梯级水电开发还导致众多江河上游特有水生生物特别是特有鱼类生境的破坏，造成物种的减少甚至灭绝。

（四）生态恢复多以植被覆盖率的恢复为目标，未能实现山水林田湖草一体化修复

在退化生态系统的修复中，如果片面追求数量和面积指标，仅仅关注植被覆盖率、生产力等单一要素，而忽视生态系统功能的整体恢复和优化，将严重影响生态建设的整体效果和区域社会经济的长治久安。部分生态工程的建设目标、实施内容和治理措施相对单一，忽视自然条件、资源禀赋和生态区位等特点，采取了"一刀切"的做法，导致治标不治本的问题较为突出。不少生态工程以单个生态系统类型的修复为目标，条块分割现象严重，未能实现山水林田湖草一体化修复，生态系统保护修复的系统性、整体性不足，生态系统的片段化现象没有得到根本改观。

（五）对部分关键物种类群和生态系统的保护恢复力度不足，欠缺整体规划和统一布局

对生态系统的完整性和自然地理单元的连通性认识不足，没有在识别重要的生态功能区、敏感脆弱区、保护优先区、生态廊道等的基础上进行大尺度的空间规划和布局。山地—平原、上游—下游、城市—乡村等关键生态界面的生态修复治理缺乏协同性。不同类型的保护地之间存在空间上的重叠，保护地的设置呈现孤岛化现象，且保护地网络之间的联通性不佳。对河流、湖泊、高寒湿地和干旱河谷等关键生态系统类型及重大交通和基础设施建设工程场景的生态系统保护修复重视不足，有效方法和措施不多。除了大型脊椎动物之外，对于两栖和爬行动物、水生生物、鸟类和昆虫方面的保护还没有予以足够的关注。

（六）生物多样性保护需求高，缺乏系统解决方案

中国科学院和全国的有关科研力量为西南山地的生物多样性保护和利用研究做出了许多基础性、前瞻性的贡献。同时，也要看到，云贵川渝地区普遍存在的问题是生物多样性保护需求高，缺乏对一些需要长期和深入研究的重大科学问题的稳定支持机制；生物多样性保护工程试验示范项目较少，可大面积推广应用的生物多样性保护研究成果有限；以往研究过多关注基础和技术层面的问题，缺乏高水平的成果和有重大影响力的系统解决方案；科研机构与部委、行业、地方政府有效沟通和协同的工作机制有待完善。

（七）喀斯特地区脆弱生态环境制约乡村振兴与"美丽中国"建设

受喀斯特地质背景制约（地上–地下水土二元结构、成土慢且土层浅薄不连续、水文过程迅速等）及生态治理长期性和复杂性的影响，当

前喀斯特石漠化治理仍面临重大问题与挑战，包括：石漠化防治任务依然艰巨，石漠化再发生的风险依然较高；石漠化区域实现了初步"变绿"，但其生态系统服务综合水平亟待提升；石漠化"变绿"与"变富"的矛盾突出，无法支撑乡村振兴产业发展；治理技术与模式的系统集成在针对性与可持续性方面存在不足，导致工程实施的长期效果和效率不够理想。同时，西南喀斯特区的碳汇功能潜力亟待开发利用。[4, 5]

（八）保护修复与经济发展的矛盾没有根本缓解，"两山"价值转换存在突出困难

我国在生态方面历史欠账多、问题积累多、现实矛盾多，一些地区生态环境承载力已经达到或接近上限，且面临"旧账"未还、又欠"新账"的问题，生态系统保护修复任务十分艰巨。个别地方还有"重经济发展、轻生态保护"的现象，为基础设施建设让路的现象普遍，以牺牲生态环境换取经济增长的现象依然存在，生态供需双侧改革还需深化，生态价值实现体系尚需完善，很多地方存在"绿水青山"无法转换成"金山银山"的现实困难。

第四节　云贵川渝生态屏障建设的关键性科技任务

围绕云贵川渝生态屏障区特有的关键生态环境问题，如山地生态系统修复、高寒沼泽泥炭地保护、淡水生态系统管理、生物入侵防控和山地灾害综合防治等，需重点推进以下关键性科技任务。

一、西南脆弱山地生态系统对气候变化的响应与生态保育关键技术

西南山地生态环境十分脆弱，土地退化与自然灾害频发，严重制约了生态系统服务的供给与调节，降低了生态系统响应气候变化的韧性。探究生态屏障中生态系统服务供需传输机制，明晰山地表生过程的碳源汇机制，创建以山地"植物－土壤－岩石"固碳增汇为核心的"土壤增碳"技术机制与优化模式，构建"源－汇－终"的跨区域生态屏障协同建设理论技术体系，对保障长江流域城市群及双城经济圈的生态安全，提升区域"碳中和"推进能力，维系地区经济社会可持续发展，助推西南乡村振兴，具有重大的战略意义。

西南山地生态屏障的以往建设忽略了生态系统服务"源－汇－终"的传输过程，特别是山地"植物－土壤－岩石"碳源汇机制。这导致了源头供给不清、轨迹传输不明、终端需求不准，从而无法准确判断屏障建设对受益人群的实际影响。此外，这也影响了生态系统"碳中和"优化路径的制定，以及基于影响反馈的生态屏障建设空间优化和管控策略。

该科技任务以西南山地生态系统服务"源－汇－终"的传输机制为基础，研发基于供需匹配的西南山地生态屏障建设关键区域及传输网络的动态识别技术。从生物多样性与生态系统服务的互作角度及山地"植物－土壤－岩石"碳汇机制，开展关键网络节点的山水林田湖草一体化的修复过程研究，阐明西南山地生态屏障建设的关联效益机理，创建生态屏障"共建共享"跨地区协同治理可持续建设模式和实践范式（构筑成渝双城经济圈生态功能改善与生态安全格局），发展西南山地生态屏障长效保护与建设成效评估体系，有助于西南山地生态屏障区生态产品价值实现与生态补偿制度完善。

二、西南山地大气－土壤－植被－水体－岩土复杂界面过程与生态系统演化机理

西南山地因造山运动导致地势隆升，使得岩石出露，岩性土广泛分布，如石灰岩土、紫色土、山地黄壤等。这些土壤具有明显的岩－土二元结构，土层浅薄，生态脆弱，具有独特的岩石－土壤－植物界面过程，这对于科学认识地球表生过程具有重要的理论价值。其界面过程的系统认知对于科学理解脆弱山地生态系统的结构，破解脆弱生态系统的修复原理具有重要意义。

山地岩性土的岩－土二元结构具有代表性，独特的山地表层结构是生态系统结构与功能演变、山地水文与生物地球化学过程的关键，但当前该界面过程缺乏系统、深入的研究。

为此，该科技任务主要突出生态屏障建设的全局性和代表性，科学认知西南山地岩性土的关键界面过程、功能与适应机制；突破大气－土壤－植被－水体－岩石复杂界面过程的物质、能量传输过程、机制与建模。

三、成渝大型城市群水环境安全与绿色发展协同保障技术

成渝地区地处四川盆地腹心和长江上游生态屏障的最前沿。成渝都市圈不仅包括成都、重庆这两座超大城市，还涵盖了一系列中型城市群和大量小型城镇。在追求高质量发展的过程中，生态屏障建设面临巨大的挑战。长江上游水源地水环境安全的高要求与高速城市化的矛盾尖锐，水环境安全与绿色发展的协同保障将为西部地区高质量发展提供样板和示范，全面促进西部生态屏障经济社会可持续发展，保障一江"优"水浩荡东流。

四川盆地中部因人口密度大，长江主要支流如沱江、嘉陵江流域的中下游地区水环境承载能力不足，导致水环境质量改善成效不稳固。城镇污染的高排放与农业、农村面源污染叠加，使得环境激素、抗生素、持久性有机污染物（persistent organic pollutant，POP）、微塑料等新污染物负荷高。因此，成渝地区在实现构建以Ⅱ类水为主体，实现70%以上国控断面的水质达到Ⅱ类、干流水质稳定达到Ⅱ类的规划目标上还有较大差距。

为此，该科技任务针对快速城镇化与水环境安全的尖锐矛盾，应系统解析典型污染物、新型污染物来源与行为，揭示"三生"空间格局、人地关系与功能提升机理，突破农村–城市绿色发展与环境安全协同保障机制和关键技术。

四、若尔盖高原泥炭地碳汇功能及调控技术体系

位于青藏高原东缘的若尔盖高原泥炭地是世界上最大的高原泥炭地，也是典型的生态脆弱区和云贵川渝生态屏障区的重要组成部分。作为该地区重要的碳汇系统，它在实现"双碳"目标与减缓全球气候变暖方面发挥着重要作用。因此，明晰气候变化背景下若尔盖高原泥炭积累和演变过程，对生态屏障建设及区域经济社会可持续发展具有关键性的战略意义。

当前，若尔盖高原泥炭地的碳积累机制尚不明确，源汇转换的驱动机理及对气候变化的响应缺乏系统性阐释，严重制约着泥炭地恢复理论体系构建与实践进程。选择典型泥炭地开展系统研究，评估泥炭地碳库稳定性，明晰泥炭地碳汇功能的演变机制，量化泥炭地碳源汇转化的生态阈值，为泥炭地保育与碳汇管理提供科学依据与理论支撑，同时为国家"双碳"目标的实现提供自然解决方案。

因此，该科技任务将运用野外调查、原位监测、土壤深剖面模拟增温试验和室内培养实验等研究手段，结合泥炭地碳积累过程解析，明确关键生态因子对泥炭地碳汇功能的作用机制；通过泥炭地碳源汇动态及模拟，界定源汇转换的关键阈值；阐明碳循环关键过程对气候变化的响应特征，揭示高寒泥炭地碳汇形成机制及源汇转换的驱动机理，研发退化泥炭地碳汇与生态系统多功能恢复提升技术体系，提出若尔盖高原泥炭地碳汇生态价值实现发展模式。

五、云贵川渝生态屏障区环境污染防治

云贵川渝既是世界上面积最大的喀斯特地貌分布区，又是我国重要的金属矿产基地，这些因素深刻影响着云贵川渝地区的生态环境特征。开展云贵川渝地区环境污染机制与治理修复研究，可为减少或消除因生态破坏、环境污染和生态保护导致的各种问题提供理论指导和技术支撑。

云贵川渝地区主要面临土壤与水环境及生态挑战，其中土壤和水污染是云贵川渝地区最受关注的环境问题。对云贵川渝地区水圈–土圈层展开污染过程机制与修复策略研究，创建喀斯特"社会–经济–生态"和谐的可持续发展模式和实践范式，既是地球系统科学发展的需求，也是保障云贵川渝地区可持续发展的重大科技需求。

因此，应当开展岩石–土壤–水文–生态等过程污染物运移规律与调控技术等研究，建设具有地区特色的生态文明建设模式。云贵川渝生态环境保护修复工作应立足于云贵川渝高地质背景农田污染防控机理、水污染与调控机制两大研究方向，开展高地质背景区重金属风险评估、污染成因与防控技术体系建设，开展云贵川渝水–岩相互作用及污染物输移规律、污染物模型和监测体系等研究。

六、重点河湖水生态修复与水环境持续优化及其保障体系

云贵川渝地区位于我国三大流域——长江上游、珠江和黄河的源头，降水丰沛、水资源丰富，不仅是这三大流域的重要水源地，也是我国"南水北调"西线、"滇中引水"等跨流域调水工程的水源地，对构建我国稳定的水网格局、保障我国水资源安全具有十分重要的作用。云贵川渝地区水电蕴藏量十分丰富，是我国重要的水电能源基地，对保障我国能源安全及实现"双碳"目标都具有重要的支撑作用。

但是，我国水资源基础数据匮乏，水文水资源观测体系不健全；缺乏流域尺度水文 – 粮食 – 能源 – 生态间水资源优化利用布局；西南屏障区水源涵养功能维持和提升的基础研究薄弱；水灾害监测与防灾减灾体系不完善；岩溶地区和干热河谷水资源高效利用科技支撑能力不足；应对气候变化的水资源安全保障体系尚属初级版；重点河湖水生态修复与水环境治理需要科技和管理创新；跨境流域水权益保障能力亟须提升；水资源保护与合理利用相关法规和管理机制不完善。

因此，要重点研究水生态系统健康胁迫机制及完整性要素修复，面向重点流域和湖泊水环境持续优化技术体系与保障机制，加强典型流域水电梯级开发的水生态修复与复杂河 – 库系统水环境协同管理，推进不同生态功能区典型清洁生态小流域构建与绿色发展模式集成。

七、西南山地生物入侵机制和有害生物防控关键技术研究

云贵川渝生态屏障区不仅是我国生物多样性最集中、最富集的地区，也是国家生态安全屏障重要的组成部分。然而，该地区也是外来物种入侵严重的地区，一旦该地区的生态系统受到干扰，很容易被外来物

种入侵。外来物种入侵严重干扰了特定生态系统的结构和功能，造成入侵地区本土生物多样性减少，因此，有效防治物种入侵是当前生物安全领域亟待解决的关键科学问题之一。但是，总体来看，西南地区对外来物种入侵防控技术的研发投入不足，控制技术体系还不够完善，防控能力不足，生物安全面临的形势仍比较严峻。因此，在云贵川渝生态屏障区开展外来入侵物种防控及被入侵生态系统修复具有重要的生态学意义。

该科技任务应以探究云贵川渝生态屏障区外来入侵物种的群落动态为切入点，阐明外来物种的入侵机制，研发外来入侵物种防控的新技术，科学、有效地防控屏障区的外来物种入侵。同时，针对该区域被外来物种入侵严重的生态系统，根据群落可入侵性理论和生态修复相关技术，选择合适的本地物种，构建人工群落，达到既能恢复被入侵生态系统的生态功能、保护本地生物多样性，又能有效阻止外来物种再次入侵的目的。

八、云贵川渝生态屏障区特色生物资源开发利用技术研究

云贵川渝生态屏障区具有极高的生物多样性，所覆盖区域的乔木、灌木、藤本、草本、附生植物均丰富多样，包括民族药用植物、特色油脂植物、山地特色作物、园林园艺及战略资源植物等重要的种质资源，加强西南野生动植物种质资源保护和可持续利用，对国家战略物资需求保障、健康产业和区域特色农业等发展具有重大战略意义。云贵川渝生态屏障区植物资源是事关国计民生和国防安全的重要战略物资，是特色农业发展的最有力支撑，也是未来作物遗传改良育种的重要基因来源，目前基础研究仍缺乏系统性，开发利用关键技术尚待突破。

该科技任务主要针对云贵川渝生态屏障区丰富的动植物和微生物资

源，开展新作物、新品种、新品系、新遗传材料和作物病虫害发展动态调查研究，加强野生动植物种质资源保护和可持续利用，保障粮食安全和生态安全。提高种质资源品种改良生物技术水平，推进环境、药品等方面替代资源研发，促进环保、农业、医疗等领域生物资源科技成果转化应用。以产业化开发利用前景明确的西南特色植物资源为研究对象，攻克特色植物资源产业化开发利用的关键技术环节，构建一条涵盖"理论创新 – 技术集成 – 产品研发 – 产业示范"的创新链。

九、气候变化与人类活动耦合条件下山地灾害形成发育规律与风险预测

云贵川渝地区受地质构造、地形地貌、气象水文等自然环境控制，是地震、崩塌滑坡、山洪、泥石流、堰塞湖、溃决洪水等山地灾害高发频发、多发群发区。在全球气候变化条件下，云贵川渝地区极端气候事件频发，加之铁路公路、梯级水电、矿山开发与城镇化建设等人类活动加剧，气候变化与人类活动的共同作用使得灾害风险显著增加，对区域高质量发展与安全造成了重大威胁。

同时，云贵川渝作为国家和西部重要的生态屏障区，区内生态环境差异明显、干热/干旱河谷密布、生态环境脆弱、山地灾害频发，是民生安全、生态安全、工程安全与边防安全的主要威胁。党的二十大报告将防灾减灾救灾纳入国家安全体系，提出"统筹发展和安全"，"建设更高水平的平安中国，以新安全格局保障新发展格局"，"提高防灾减灾救灾和重大突发公共事件处置保障能力"[6]。气候变化与人类活动耦合作用显著提高重大山地灾害风险，亟须高效防控灾害风险。

为此，该科技任务主要面向云贵川渝防灾减灾与生态文明建设需求，针对云贵川渝山地灾害风险防控面临的科技难题与瓶颈，强化地球圈层

作用与内外动力耦合作用致灾过程与机理认知，突破区域单灾种巨灾与多灾种复合链生灾害时空演化规律与动力致灾机理，研发灾害全过程动力学模型，实现复合链生灾害精细精准描述，揭示气候变化与人类活动耦合作用下重大灾害演化规律，科学高效预测多因子耦合作用下西南山地巨灾风险，针对性地提出山地灾害风险防控与工程安全防护对策与方案，支撑区域发展与安全。

第五节　云贵川渝生态屏障的科技支撑平台建设

云贵川渝生态屏障区山地众多，生态系统类型复杂，生物多样性最为富集，构建生态安全屏障区观测、监测、预警平台网络对于维护区域生态平衡和预警潜在风险具有重要作用。但相关平台建设历史欠账多、投入少，导致存在诸多观测、监测空白。同时由于涉及的建设部门与单位众多，监测数据共享存在极大的困难，数据信息的集成和分析不够充分，使得这些平台在生态文明建设中的作用尚未得到充分发挥。此外，保护与修复工作的监测缺乏系统性规划，存在交叉重复和空缺，而且空天地立体监测网络和信息化平台建设也相对滞后。

为此，应加快建设空天地一体化和高精度智能化的生态系统综合观测网络、山区灾害与环境综合监测预警网络、丘陵平原区环境污染监测预警网络、城镇环境与生物入侵监测预警网络；构建生物多样性空天地一体化监测体系，继续定期开展生物多样性普查，将生态环境定位研究监测与生物多样性面上定期普查相结合，形成更加完善的多源数据中心，结合"数字长江"建设，形成互联互通的大型数字化综合平台，为生态屏障区的生态建设和可持续发展提供强有力的数据支撑。首先，可以中国科学院现有各级各类监测站点和监测样地（线）为基础，结合相关部委和地方的监测体系，统筹谋划、顶层设计，使现有监测体系网络化。同时，针对今后需要监测的重点区域和生态系统类型，查漏补缺，完善网络的总体架构，推动观测数据共享，形成涵盖全面的云贵川渝生态屏障区监测预警体系。

阶段性目标：

到 2030 年，完善生态屏障区生态系统和生物多样性监测技术标准体系，推进生态环境监测工作的标准化和规范化，形成具有互联互通功能的生态环境定位研究监测网络。

到 2035 年，结合已有的生物多样性监测站（点），建立起包括珍稀濒危物种和极小种群的关键物种监测体系，完善西南生物物种资源数据库和信息系统，并融合到统一的生态环境研究监测平台；建立成渝双城经济圈城镇环境与生物入侵监测体系、乡村环境与面源污染监测体系、西南生态系统碳汇综合联网观测体系，进一步完善生态屏障区生态环境研究监测网络的针对性、完整性和系统性。

到 2050 年，建成西南生物多样性和生态环境数据集成和分析中心，结合空天地监测技术的融合发展，构建生态屏障区气候变化、水资源、生态安全、生物多样性、灾害防控等一体化的在线监控、信息传输、数据分析、业务管理、资源共享、信息发布综合信息平台，形成高水平的具有完整功能的生态环境观测、监测和预警平台网络。

本章参考文献

[1] Critical Ecosystem Partnership Fund.Explore The Biodiversity Hotspots. https://www.cepf.net/node/1996[2024-09-05].
[2] 新华社 . 深入推进大保护 打造引领高质量发展生力军——推动长江经济带发展座谈会召开四年间 . https://www.gov.cn/xinwen/2020-01/04/content_5466498.htm[2020-01-04].

[3] 白晓永，张思蕊，冉晨，等. 我国西南喀斯特生态修复的十大问题与对策. 中国科学院院刊，2023，38（12）：1903-1914.

[4] Bai X Y，Zhang S R，Li C J，et al. A carbon-neutrality-capacity index for evaluating carbon sink contributions. Environmental Science and Ecotechnology，2023，15：100237.

[5] Li C J，Bai X Y，Tan Q，et al. High-resolution mapping of the global silicate weathering carbon sink and its long-term changes. Global Change Biology，2022，28：4377-4394.

[6] 习近平：高举中国特色社会主义伟大旗帜 为全面建设社会主义现代化国家而团结奋斗 ——在中国共产党第二十次全国代表大会上的报告. https://www.gov.cn/xinwen/2022-10/25/content_5721685.htm[2022-10-25].

第九章

科技支撑蒙古高原
生态屏障区建设

蒙古高原地处东亚内陆中心，四面邻山，北临萨彦岭、雅布洛诺夫山及肯特山脉，南至阴山山脉，东抵大兴安岭，西连萨彦岭、阿尔泰山，地貌类型以高平原和山地为主，平均海拔约 1580 米。蒙古高原属温带大陆性气候，大部分地区处于干旱和半干旱区，气候干燥，日照丰富。年平均气温为 3～6℃，呈现西高东低的地理分布；年降水量为 150～400毫米，呈现北高南低、东高西低的分布格局。蒙古高原自然生态系统类型多样，主要包括森林、灌丛、草原、湿地、荒漠、沙地等生态系统；水资源匮乏，且空间分布极其不均衡；矿产资源和生物资源丰富，经济以资源型产业为主，是重要畜牧业产品的生产和加工地区。

蒙古高原包括蒙古全部、俄罗斯南部和中国北部部分地区，在防风固沙、水土保持、生物多样性保护、草牧业生产等方面发挥着重要作用。我国的内蒙古高原是蒙古高原的一部分，行政区划包括内蒙古自治区全部、甘肃省及宁夏回族自治区北部的广大地区。内蒙古处于黄河、松花江、辽河、海河、滦河五大流域发源地或上游地区，是"东北亚水塔"和京津冀多条河流的源头，也是我国北方面积最大的草地、荒漠和沙地地带，具有重要的生态系统服务功能。内蒙古横跨我国东北、华北、西北（"三北"）地区，拥有五大沙漠和五大沙地，是我国风沙入侵的主要通道和重要的沙尘源区，其植被和土壤一旦受到破坏，将会对北方生态安全产生深刻影响。

第一节　蒙古高原生态屏障的主要特征

一、蒙古高原的自然生态系统类型多样

蒙古高原独特的地理位置和地形地貌，造就了复杂多样的生态系统，主要包括森林、灌丛、草原、湿地、荒漠等生态系统类型。其中，草原是蒙古高原分布最为广泛的生态系统类型，涵盖了草甸草原、典型草原和荒漠草原。植被群落由东北向西南呈现寒温带针叶林、中温带阔叶林、暖温带阔叶林、温带草原、暖温带荒漠。近年来，蒙古高原的植物多样性呈现降低的趋势，主要体现在优势物种多度减小，物种丰富度降低，群落组成改变。昆虫、鸟类和脊椎动物物种多样性变化的记载与研究较少，虽有部分物种的濒危等级有所降低，但也有部分物种的濒危等级提升。

二、蒙古高原的水资源匮乏，且空间分布极其不均衡

蒙古高原湖泊总面积约为 17 972 平方公里，主要集中在西部、东部与南部，中部较少，尤其是在蒙古高原中部广袤的戈壁荒漠中，湖泊数量极少。土壤湿度总体分布表现为由东北向西南逐渐减少的趋势，且呈现出高原外围土壤湿度相对较高、内部相对较低的空间格局。河流的流量整体呈现下降趋势，但是在 2010 年以后有所回升。蒙古高原地下水储量呈现下降趋势，尤其在内蒙古西部区域下降趋势最为显著。值得一提的是，与蒙古高原整体趋势相反，蒙古国的地下水储量呈现逐渐增加的

趋势，尤其在蒙古国东部区域增加趋势最为明显。

三、蒙古高原自然资源丰富，经济以资源型产业为主

蒙古高原的矿产资源丰裕，现已探明的有铜、钼、金、银、铀、铅、锌、稀土、铁、萤石、磷、煤、石油等 80 多种矿产，部分大矿储量在全球处于领先地位。矿业占到内蒙古工业生产总值的 72%，而煤炭出口占蒙古国出口收入总额的 1/3。内蒙古高原是我国重要的畜牧业产品的生产和加工基地，乳肉绒毛产量全国领先，其中内蒙古牛羊肉和牛奶产量占全国的 10%～20%，羊毛和羊绒产量占全国的 40% 左右。[1] 近年来，以能源、原材料等为主的优势特色产业不断壮大，以新能源和现代化煤化工为代表的战略性新兴产业快速发展。现代化的畜牧业管理措施逐渐替代传统的粗放式管理，引入的围栏封育、季节性休牧、划区轮牧等管理方式，减轻了放牧压力，优化了放牧制度，提升了相关产品的供应能力和质量。同时，内蒙古地区旅游产业近年来得到了迅猛的发展，尤其在旅游资源开发、基础设施建设、市场营销策略等方面取得了显著成效，为地区经济发展做出了重要贡献。

第二节　蒙古高原生态屏障的战略地位

蒙古高原地处干旱半干旱区，生态环境极为脆弱，是全球气候变化敏感区，对气候变化和人类活动的干扰极为敏感，雪灾、旱灾、蝗灾、鼠害等自然灾害频发，也是北方沙尘的重要发源地。其生态环境状况直接影响到我国黄河上游、华北平原甚至整个东亚的生态安全。例如，受

气候变化的影响，近 50 余年来，蒙古高原的雪灾和旱灾的发生频率有所增加，而沙尘暴则因气候变化、防风固沙、植树造林等生态修复措施，呈现波动减少的趋势。作为蒙古高原的重要组成部分，内蒙古高原是多民族聚居区，也是草原文化的发祥地之一，更是我国北方少数民族文化的摇篮。内蒙古高原生态屏障建设不仅关系到内蒙古地区各族群众的生存和发展，还关系到华北、东北、西北乃至全国生态安全，对蒙古高原乃至全球生态环境保护也具有重要意义。

党的十八大以来，习近平总书记先后于 2014 年 [2]、2019 年 [3]、2023 年 [4] 三次考察内蒙古，连续五年在全国两会期间参加内蒙古代表团审议 [5]，对内蒙古发展做出了一系列重要指示批示，多次强调了内蒙古生态环境保护建设的重要性，为推进新时代内蒙古发展指明了前进方向，提供了根本遵循，注入了强大动力。

2019 年 3 月，习近平总书记参加十三届全国人大二次会议内蒙古代表团审议时指出，把内蒙古建成我国北方重要生态安全屏障，是立足全国发展大局确立的战略定位，也是内蒙古必须自觉担负起的重大责任。同时强调，内蒙古要保持加强生态文明建设的战略定力，探索以生态优先、绿色发展为导向的高质量发展新路子，加大生态系统保护力度，打好污染防治攻坚战，守护好祖国北疆这道亮丽风景线。[6]

2020 年 5 月，习近平总书记在参加十三届全国人大三次会议内蒙古代表团审议时强调，坚持以人民为中心的发展思想，保持加强生态文明建设的战略定力，牢固树立生态优先、绿色发展的导向，持续打好蓝天、碧水、净土保卫战，把祖国北疆这道万里绿色长城构筑得更加牢固。[7]

2023 年 6 月，习近平总书记在内蒙古考察期间指出，"筑牢我国北方重要生态安全屏障，是内蒙古必须牢记的'国之大者'"，进一步明确了内蒙古的重要战略定位。[8] 同时强调，要牢牢把握党中央对内蒙古的战略定位，完整、准确、全面贯彻新发展理念，紧紧围绕推进高质量发展这个首要任务，以铸牢中华民族共同体意识为主线，坚持发展和安全并重，坚持以生态优先、绿色发展为导向，积极融入和服务构建新发展格局，在建设"两个屏障""两个基地""一个桥头堡"上展现新作为，奋力书写中国式现代化内蒙古新篇章。[4]明确要求把内蒙古建设成为我国北方重要生态安全屏障、祖国北疆安全稳定屏障、国家重要能源和战略资源基地、农畜产品生产基地、我国向北开放重要桥头堡。"两个屏障""两个基地""一个桥头堡"的战略定位，指明了新时代内蒙古的职责和使命所在，是新时代内蒙古发展的总方向、大布局。[9]

第三节　蒙古高原生态屏障建设成效与面临的挑战

近年来，蒙古高原生态安全屏障建设取得了重要进展。以内蒙古高原为例，我国国家和地方层面在森林生态修复、草地生态修复、资源利用、污染治理等方面均已做出了重要部署，并取得了显著成效。内蒙古高原生态系统功能得到了整体提升，土地退化得到了遏制，森林覆盖面积增加，草地质量得到了改善，水土流失得到了控制，生态环境明显改善，为构建蒙古高原全域生态安全格局提供了重要保障。但放眼整个蒙古高原，仍面临着生态系统恢复进程较慢、物种多样性丧严重、湖泊退化等系列挑战。

一、蒙古高原生态屏障建设成效显著

结合蒙古高原生态屏障整体的主要特征和战略地位等，重点对我国内蒙古地区生态屏障建设的重要举措和取得成效进行概要论述。

（一）森林生态修复方面

2001 年初，为了加速生态建设、再造祖国秀美山川，国家林业局启动了系列林业重点工程，包括天然林资源保护工程、退耕还林工程、京津风沙源治理工程、"三北"防护林工程等。这些举措有效控制了内蒙古地区山区的水土流失，沙区初步治理了风沙灾害，并显著减少了沙尘暴的发生频率。

（二）草地生态修复方面

党的十八大以来，内蒙古自治区累计造林种草、防沙治沙规模均居全国第一，在祖国北疆构筑起一道万里的"绿色长城"。内蒙古自治区引入了围栏封育、季节性休牧、划区轮牧等畜牧业管理方式，开展了退耕还草工程、退牧还草工程。这些生态工程和政策的实施取得了显著成效，遏制了草原大面积退化的势头。

（三）资源利用方面

内蒙古自治区采取了措施，优化了水资源和矿产资源的利用效率与布局。水资源是内蒙古高原经济发展所必需的自然资源，是确保社会稳定发展的重要因素。近 20 年来，内蒙古自治区总用水量呈显著上升趋势，工业用水量占比从 2004 年的 6% 增加至 2022 年的 16.2%。为了提升水资源开发利用效率，内蒙古自治区政府采用措施降低煤炭产量，同时让水资源分配向生态用水倾斜。2022 年，内蒙古自治区万元生产总值用水量较 2020 年下降 8.9%，万元工业增加值用水量较 2020 年下降 13%[10]，以高效率用水保障了经济社会高质量发展，走出了一条经济往上走、水耗向下降的高质高效发展之路。[11] 与此同时，湖泊水量、河流径流量、地下水储量也出现了不同幅度的回升，这说明该地区产业结构的不断调整在用水资源保护方面取得了一定成效。

（四）污染治理方面

内蒙古自治区的空气质量呈现逐渐好转的态势，上述生态修复工程和管理措施有效降低了大气污染水平，内蒙古自治区十二盟市空气质量平均达标天数比例由 2015 年的 80.9% 提升至 2023 年的 87.2%[12]，东亚地区发生沙尘暴的频率呈波动式下降，我国北方沙尘源区各地的沙尘强度整体也呈减小的趋势。"十三五"期间，内蒙古自治区土壤污染防治攻坚战阶段性目标全部完成，土壤环境质量保持良好，全区受污染耕地安全利用率、污染地块安全利用率分别达到98%和90%以上，重点重金属排放量较 2013 年下降 12.1%。

二、蒙古高原生态屏障建设面临的挑战

（一）蒙古高原生态系统恢复进程较慢，技术短板明显，生态保护法律法规仍有缺失

目前，蒙古高原生态系统退化问题仍较为普遍，生态系统自然恢复进程缓慢。总体而言，在土壤改良、群落构建与系统性恢复、景观设计、生态产业发展模式与技术等方面还存在着诸多理论和技术短板，相关方向的人才紧缺；现有生态保护相关的法律法规仍存在体系结构缺陷，操作性不强，未形成协调统一的体系，生态系统保护与利用主要依靠地方政府的约束。

（二）蒙古高原的物种多样性有所丧失，入侵物种和有害物种的影响有所增强，家畜种质资源亟待保护

目前，蒙古高原缺乏对生物多样性的系统监测，气候变化和人类活

动导致生境退化，现有的保护政策与措施难以满足对该区域生物多样性的有效保护；缺少对入侵物种和有害物种的有效监测，无法对植物入侵、蝗灾、鼠害等进行有效预警。大量引进外来品种并进行品种内、品种间杂交，导致许多地方家畜品种资源被混杂。此外，对已有品种进行连续的定向选择及养殖业集约化和规模化程度的提高，进一步破坏了品种内、品种间的基因多样性。

（三）蒙古高原湖泊退化严重，水资源分布不平衡，水资源供需矛盾突出

蒙古高原水资源储量空间分异极大，且人类活动和气候变化导致原有湖泊数量、河流径流量、地下水储量出现不同程度的下降，水资源供需矛盾和水环境风险突出；节水技术和节水管理仍不完善，灌溉技术相对落后，水资源污染现象仍较为严重；蒙古高原水资源承载力研究不足，未来气候变化情景下的温度升高和降雨变化可能会影响现有大量人工修复植被的生长，并进而可能加剧荒漠化趋势。

（四）内蒙古地区现有生态工程对气候变化影响的考虑不足，工程区植被抵御极端气候事件能力较弱

我国内蒙古地区现有生态工程的树种选择较为单一，物种多样性较低，生态系统稳定性差；未考虑人工林与气候间相互作用的复杂关系及人工林对人文和地下水的影响，导致大面积林木死亡的情况；虽然现有生态系统修复工程减少了沙尘暴的发生频率，但是与全球气候变化相关联的雪灾、旱灾、火灾、蝗灾等自然灾害的发生频率逐步提高，如何有效应对这些自然灾害，以减少社会经济损失仍亟须探讨。

（五）内蒙古地区产业布局不合理，环境污染问题较为突出，环境污染防治技术亟待提升

我国内蒙古地区现有能源结构仍严重依赖于高耗能产业，产业布局过度集中与过度分散并存，资源的过度开采与利用现象仍较为严重；污染物排放控制力度不足，现有监控体系与网络无法实现污染物的协同控制；严重大气污染、水污染、土壤污染事件仍时有发生；污染物防治技术与关键设备仍较为缺乏，亟须开展相关方向关键技术与核心装备的研发工作。

（六）中蒙两国国界线漫长，但缺乏对野生动物跨境迁徙、大气污染跨境传输、动物疫病跨境防控等方面的交流合作

蒙古高原具有特殊的地理区域特性，我国需要和蒙古国协同合作，共同系统应对蒙古高原面临的各类生态风险。但目前，两国之间关于生态系统保护修复、生物灾害防控等方面的跨境合作与交流仍非常缺乏，有待加强对蒙古高原生态系统、生物多样性、水资源、环境污染等现状的全面认识。

三、蒙古高原生态屏障建设的新使命、新要求

在新的发展阶段，蒙古高原生态屏障区建设应坚持系统观念，加强国际合作，建设生态系统与环境质量监测技术体系，提升生态系统与环境质量的监测水平，摸清蒙古高原生态和环境资源的现状；发展干旱半干旱区生态系统过程和气候变化预测等方面的理论与模型，提升蒙古高原生态系统动态和气候变化的预测能力，掌握蒙古高原生态系统与气候条件的动态变化规律；研发干旱半干旱区生态系统快速恢复技术体系，

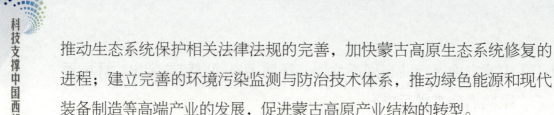

推动生态系统保护相关法律法规的完善，加快蒙古高原生态系统修复的进程；建立完善的环境污染监测与防治技术体系，推动绿色能源和现代装备制造等高端产业的发展，促进蒙古高原产业结构的转型。

（一）生态系统保护修复方面

在现有生态环境监测体系下，大力发展天空地一体化联网技术，摸清蒙古高原生态环境资源的现状；构建蒙古高原生态承载力预测的技术体系，提升蒙古高原生态系统保护修复规划的合理性与科学性；研发适用于蒙古高原干旱半干旱区生态系统的快速修复技术，强化科研成果转化，加快蒙古高原生态系统的恢复进程；建立完善的科技数据共享机制，为蒙古国的生态系统保护修复提供支持与帮助。

（二）气候变化应对方面

阐明蒙古高原生态环境的现状和变化，提升对干旱半干旱区生态系统对环境变化响应的预测能力；掌握不同蒙古高原生态系统类型对气候变化的生态响应规律，为构建合理的生态系统修复政策提供科学支持；加强对雪灾、旱灾等极端气候事件的预测预报能力，为降低由极端气候事件带来的社会经济损失提供支持；加强科技成果转化能力，为应对气候变化、促进蒙古高原区域可持续发展提供支撑。

（三）生物多样性保护和生物灾害防控方面

加强生物多样性监测网络的构建，推动国家公园等自然保护区的建设，加强野生动植物的保护力度；优化蒙古高原的生物防治、生态调控和化学防治等技术手段，建立有害动物的可持续控制大数据预警系统，提升蝗灾、鼠害、动物疫病等生物灾害的应对和防范能力；建立完善的入侵物种防范技术、政策和法律法规体系，建立入侵物种、跨境动物迁徙的实时监测与预警系统，阻止入侵物种的潜在入侵与扩散及动物疫病的传播；加强对优质家畜品种资源的引进、培育等科学研究的资金投入力度，实现地方家畜品种资源的开发性保护。

（四）环境污染防治方面

建立蒙古高原环境质量监测体系，推动高效环境污染防治和修复技术的发展，改善蒙古高原污染区域的生态环境条件；加大对绿色能源和现代装备制造等高端产业的投入力度，推动蒙古高原产业结构向绿色、清洁能源类型转型；完善环境污染防治的相关法律法规，加大蒙古高原环境污染的防范力度。

（五）水资源综合利用方面

深挖蒙古高原内部节水潜力，提高农业用水效率和用水效益；实施内外部调水工程，解决空间均衡问题；完善蒙古高原水文、水资源、水环境、水生态监管体系，服务于水安全和生态安全；建立以自然修复为主，因地制宜地实施生态系统保护修复工程，适宜配置山水林田湖草沙系统结构，提升生态系统稳定性；增强水旱灾害风险应对能力，推进预警平台建设；积极推动智慧水利的实施，加快水资源管理的现代化进程；提高非常规水源利用率，开辟解决水资源短缺问题新渠道。

第四节　蒙古高原生态屏障建设的关键性科技任务与平台

以创新、协调、绿色、开放、共享的新发展理念为指导，遵循蒙古高原生态屏障整体的主要特征和系统演进规律，坚持生态优先、绿色发展的原则，开展关键性科技任务与平台建设，既加快推进我国内蒙古地区生态屏障建设，也进一步开展国际合作共同构建平台网络体系，继而全面加强对我国内蒙古地区及整个蒙古高原全域气候、水资源、生物多样性等的系统性保护。

一、蒙古高原生态屏障建设的关键性科技任务

（一）完善内蒙古防护林建设规划，科学构建防护林网系统

深入研究气候变化对典型人工林树种生理生态特性的影响，加强人工林群落不同时空尺度上生物多样性及其物质循环和能量流动对气候变化响应的基础研究，探索极端气候事件对人工林的影响机制；制定适应气候变化的林业政策和营林措施，在生态敏感区实施退耕还林，增加人工林面积；选择抗逆性强的乡土树种或耐干瘠、抗病虫害和生产力高的造林树种，实施封山育林与人工造林相结合，提高森林覆盖率；营造多树种混交异龄复层林，优化人工林结构，提高人工林应对气候变化的能力。

（二）建立绿色矿山规划体系和标准体系，完善生态环境补偿机制

优化绿色开采工艺，推广采空区充填开采、地下气化等新技术，加大矿产资源深加工和综合利用力度；明确矿山生态修复重点区域，重点开展嫩江右岸、呼伦贝尔草原区、锡林郭勒草原区、西辽河流域、阴山北麓东段、黄河流域、贺兰山等地区的矿区综合治理重点工程，分区开展矿山生态修复工作，分类推进矿山环境恢复治理；开展矿区复垦关键技术开发及应用技术示范，研究矿区生态修复过程中的耐旱、耐贫瘠植物种选择与优化配置技术，提出矿区植被修复灌溉方法、灌溉制度等。

（三）设计科学的水资源利用方案，开辟解决内蒙古水资源短缺问题新渠道

增强气候变化，尤其是干旱的预测能力，提前规划水资源的分配；发展节水灌溉技术，如渠系配套、渠道防渗、喷灌和滴灌等技术；发展工业节水技术，提升工业用水效率；推广高效节水灌溉技术，调整产业结构和种植结构，鼓励新上低耗水工业项目；调整农业种植结构，推广旱作农牧业，在农牧业超采地区，控制种植面积增长和降低放牧强度；发展污水再利用技术，逐步实现城镇生活污水和工业废水的资源化利用；开发非传统水资源利用技术，如雨水、洪水及微咸水等水资源。

（四）完善环境污染监测与防治技术体系，推动内蒙古绿色产业发展

持续推进农业面源污染治理，研发工业废气的超低排放技术，推广工程固沙、封沙育林，有效遏制沙尘暴发生，提升矿区等污染土壤修复能力。科学总结农村牧区面源污染成因及流域面源污染管理技术方法，发展畜牧废水无害化、资源化、能源化利用技术；在黄河、西辽河流域干流和重要支流，岱海、乌梁素海、察尔森水库等重点湖库，优先控制农牧业面源污染；根据内蒙古产业结构特点，大力发展钢铁、焦化及电解铝等工业行业废气的超低排放技术，实现企业超低排放；厘清我国北方半干旱区风蚀的触发机制，发展一套适用于我国北方半干旱区的风蚀起沙参数化方案，提高蒙古高原沙尘气溶胶的模拟精度；积极研究农村牧区废物高效资源化综合利用关键技术与设备，着力构建农村牧区生物质废物循环利用和全过程管理体系。

二、蒙古高原生态屏障科技支撑平台建设

（一）整合气候、土壤、水资源监测，构建蒙古高原环境监测平台体系

在发挥我国已有平台网络优势的基础上，加强与蒙古国的国际合作，提升蒙古高原气候变化及其生态影响的科学观测能力建设。加强观测布局，了解林灌草生长的气候和立地条件；提升气候变化预测能力，构建未来气候变化对区域生态建设影响的风险评估系统；丰富强化水旱监测预警的科技化手段，逐步实现水旱监测空天地一体化，为灾情预警分析和模拟预演提供可靠的决策支持。

（二）建设蒙古高原生态系统与野生动植物本底调查和监测系统

与蒙古国联合开展生物多样性的本底普查工作，从全域尺度上了解、掌握蒙古高原的动物、植物、微生物等本底情况；重点建设生物多样性和生物灾害长期观测网络，与全国土地资源普查、森林资源普查类似，实施5年或10年间隔的蒙古高原生态资源普查；构建蒙古高原入侵植物、动物疫病长期监测样地与监测网络，建立入侵植物和动物疫病预警系统。

（三）构建蒙古高原生物多样性和生物灾害长期观测研究网络，建立家畜濒危品种保种场

构建蒙古高原的生物多样性和生物灾害长期观测研究网络，实现对关键生物类群的监测，建立和完善生物多样性和有害生物数据库及监管信息系统；建立家畜濒危品种保种场，加强对地方家畜品种资源，尤其是具有优良性状的濒危品种保种场、保护区和基因库的建设。

本章参考文献

[1] 王宇天，李霞，韩雪茹，等．为天下"储"为国家强——内蒙古能量满满为国家经济高质量发展注入澎湃动力．内蒙古日报，2023-12-25.

[2] 习近平春节前夕赴内蒙古调研看望慰问各族干部群众．https://www.gov.cn/ldhd/2014-01/29/content_2578383.htm[2014-01-29].

[3] 殷耀，于嘉，王靖，等．心系北疆 情满草原——习近平总书记考察内蒙古回访记．http://www.xinhuanet.com/politics/leaders/2019-07/17/c_1124766482.htm[2019-07-17].

[4] 习近平在内蒙古考察时强调：把握战略定位坚持绿色发展 奋力书写中国式现代化内蒙古新篇章．https://www.gov.cn/yaowen/liebiao/202306/content_6885245.htm[2023-06-08].

[5] 于长洪，张丽娜，魏婧宇，等．深情牵挂暖北疆——习近平总书记在内蒙古代表团的这五年．瞭望，2022（10）：4-12.

[6] 习近平在参加内蒙古代表团审议时强调：保持加强生态文明建设的战略定力，守护好祖国北疆这道亮丽风景线．https://www.gov.cn/xinwen/2019-03/05/content_5371037.htm[2019-03-05].

[7] 习近平在参加内蒙古代表团审议时强调：坚持人民至上，不断造福人民，把以人民为中心的发展思想落实到各项决策部署和实际工作之中．https://www.gov.cn/xinwen/2020-05/22/content_5513968.htm?name=aging[2020-05-22].

[8] 刘燕，陈志刚．牢记"国之大者"筑牢北方生态安全屏障——内蒙古自治区推进生态文明建设的调查与思考．https://www.gov.cn/lianbo/difang/202308/content_6900840.htm[2023-08-29].

[9] 石泰峰．把祖国北部边疆风景线打造得更加亮丽．求是，2022（6）：52-59.

[10] 张晓红．近 20 a 来内蒙古自治区水资源及其开发利用趋势分析．海河水利，2023（3）：4-8.

[11] 经济往上走 水耗向下降——内蒙古锚定高质量发展做活"水文章"．https://www.nmg.gov.cn/ztzl/tjlswdrw/nxcpsc/202310/t20231027_2400399.html[2023-10-27].

[12] 内蒙古自治区生态环境厅公布 2023 年 1-11 月全区环境空气质量状况．https://sthjt.nmg.gov.cn/sthjdt/ztzl/xxxcgcddsjdjs/sthjtgz/202312/t20231221_2429960.html[2023-12-21].

第十章

科技支撑北方防沙
治沙带建设

　　我国北方防沙治沙带主要由内蒙古生态屏障区、甘肃生态屏障区和新疆生态屏障区三部分组成。其中，内蒙古生态屏障区以内蒙古自治区为核心，包括黑龙江与吉林的西部，辽宁西北部，河北西北部，陕西北部，以及宁夏东部。该区的地貌类型属于高原型地貌，平均海拔1000米左右。甘肃生态屏障区主体是甘肃省，主要涉及的区域是位于我国丝绸之路的重要交通要道——河西走廊，区内大部海拔在1000~1500米，地势自东向西、由南而北倾斜，由冲积、洪积平原组成，被大黄山、黑山、宽台山分隔为三个主要区域。新疆生态屏障区主要涵盖的区域是我国西北边陲的新疆维吾尔自治区，这里不仅是"丝绸之路经济带"建设的核心区域，还拥有以水为主线的山地－绿洲－荒漠生态体系。该区域生态环境脆弱，经济发展对农业和能源产业的依赖程度较高，是气候变化影响的敏感和脆弱地区。

　　北方防沙治沙带是中国重要的生态屏障区，承担着阻挡沙尘暴、维护生态平衡、保持生物多样性等多重生态功能。它不仅关系到我国北方地区的生态安全，还直接影响沙区周边城市的经济发展和社会稳定。一方面，北方防沙治沙带承担着拦截沙漠蔓延、保护水土、维持生物多样性等重要职能；另一方面，北方防沙治沙带生态屏障区的建设有效地改善了环境质量，为旅游业、农业和其他产业的发展创造了有利条件，促进了当地的经济可持续发展。此外，通过与亚、非、拉等发展中国家的交流合作，以及"一带一路"防治荒漠化合作服务国家倡议的推进，为全球生态治理贡献中国方案。

第一节　北方防沙治沙带的战略地位

2023 年 6 月，习近平总书记在内蒙古自治区巴彦淖尔市考察，主持召开加强荒漠化综合防治和推进"三北"等重点生态工程建设座谈会，会上强调要完整、准确、全面贯彻新发展理念，坚持山水林田湖草沙一体化保护和系统治理，以防沙治沙为主攻方向，以筑牢北方生态安全屏障为根本目标，因地制宜、因害设防、分类施策，加强统筹协调，突出重点治理，调动各方面积极性，力争用 10 年左右时间，打一场"三北"工程攻坚战，把"三北"工程建设成为功能完备、牢不可破的北疆绿色长城、生态安全屏障。[1]

一、内蒙古生态屏障区

内蒙古生态屏障区是我国北方重要的防沙治沙生态屏障区，党中央对该区域提出"打造北疆亮丽风景线"的奋斗目标。该区域的资源与环境在开发过程中遭到了严重的破坏，致使生态环境脆弱、承载能力低，生态环境问题突出，出现诸如草原退化、土地沙化、盐渍化、水土流失、沙尘暴多发等情况。同时，该区域生态环境的优劣，对地区经济持续发展起着决定性的作用，对周边地区，特别是对华北、东北地区有着直接的影响，尤其在维护京津地区生态安全中具有举足轻重的作用。

二、甘肃生态屏障区

自古以来，河西走廊就具有十分重要的战略地位，人们利用其特有的自然资源，开发绿洲、建设家园，为生存繁衍和社会发展创造出文明和财富。然而，由于自然因素和人为因素，如人口增加、滥垦、滥牧、滥伐及对自然资源的不合理利用等共同作用，给自然环境本身带来了极大的影响。这些问题包括水资源短缺、内陆河流断流、土地沙漠化和盐碱化加剧等，严峻威胁着当地乃至整个西北地区的生态安全，并制约了人居环境的改善。因此，甘肃生态屏障区的生态建设，是构筑我国整个北方防沙治沙带绿色屏障的重要支撑，是区域生态与经济社会可持续发展的保障，对推进国家生态文明建设、迈向高质量发展具有重要意义。

三、新疆生态屏障区

新疆生态屏障区主要涵盖的区域是我国西北边陲的新疆维吾尔自治区，也是"丝绸之路经济带"建设的核心区域。总体呈现"三山夹两盆"的地形地貌格局，拥有以水为主线的山地－绿洲－荒漠生态体系。以荒漠为主体，生态环境脆弱。经济发展对农业和能源产业的依赖程度较高，是气候变化影响的敏感和脆弱地区。水资源短缺，农业用水比例过高，水资源与区域经济发展格局不协调。近 60 年，新疆生态屏障区气温、降水量、实际蒸发量、大气 CO_2 和 CH_4 浓度呈升高趋势，相对湿度和沙尘暴日数呈减小趋势，区域环境污染防治形势严峻。尤其是随着近年来气候变暖和极端气候事件的增多，洪水、干旱和沙尘暴等自然灾害频发，生态环境问题更为凸显。加之人类扰动增加，荒漠植被退化明显，荒漠化进程加快，生态防护功能下降。因此，生态系统保育、生物多样性保护、环境污染防治、水资源高效利用，是新疆生态屏障区建设的重要组成部分，对保障西部乃至国家经济社会发展、水资源－生态－国土安全具有重要的战略意义。

第二节　北方防沙治沙带建设成效与面临的挑战

在过去几十年间，我国实施了一系列生态工程以支撑北方防沙治沙带生态屏障区的建设，并取得了显著成效。然而，在当前的新形势下，防沙治沙任务依然十分艰巨，以往关于生态屏障区建设所构建的治理体系依旧面临巨大挑战。在新的发展阶段，北方防沙治沙带建设必须坚持科学治理、精准施策，确保治理措施的有效性和可持续性。同时，要注重创新驱动，利用现代科技手段提升治理水平。此外，还需强化法治保障，完善相关法律法规，形成全社会共同参与的良好局面。

一、北方防沙治沙带建设成效显著

在国家生态文明建设的历程中，北方防沙治沙带始终被视为生态系统保护修复的重点、难点区域。为实现这一宏伟目标，自 20 世纪 70 年代末开始，特别是 20 世纪 90 年代后期以来，国家和各地政府陆续实施了一系列生态工程以支撑北方防沙治沙带生态屏障区的建设，如"三北"防护林工程、天然林保护工程、退耕还林还草、京津风沙源治理、野生动植物保护及自然保护区建设等。这些努力已经在一定程度上改善了沙化地区的状况，增加了林草植被的覆盖率，并减少了风沙天气和沙尘暴的发生。北方防沙治沙工作取得了显著成效。

（一）沙漠化扩散态势得到有效遏制

经过半个多世纪的治理，已成功遏制了沙漠化的蔓延，实现了从

"沙进人退"到"绿进沙退"的历史性转变，生态建设成效显著。在包兰铁路防风固沙带建设、京津冀地区沙尘暴防治等方面取得了重大成就，较好地平衡了水、沙、绿、富之间的关系，逐步走上了高质量发展之路，为其他国家和地区的荒漠化防治提供了有益经验。以甘肃生态屏障区为例，1975～2000 年为沙漠化发展期，甘肃生态屏障区沙漠化面积增加了7.72 平方公里；2000～2010 年沙漠化进入逆转时期，甘肃生态屏障区沙漠化面积减少了 379.38 平方公里 [2]；2010 年以来，该区域生态治理总体呈现向好的趋势，仅在 2023 年，甘肃省就完成绿化 1343.06 万亩 ①，完成以河西走廊为重点治理区的沙化土地综合治理 398.13 万亩，为年度任务的 237%，累计建设国家储备林 6.9 万亩，完成森林可持续经营试点 8.5万亩 [3]，较好地改善了当地的生态环境，促进了当地的经济社会发展。

（二）地上植被得到有效恢复

北方防沙治沙带各生态屏障区为有效恢复植被，积极采取各项举措以提高植被覆盖面积。以内蒙古生态屏障区为例，1978 年，内蒙古防沙治沙生态屏障带林草固沙植被总面积 5997.2 万公顷，植被覆被率为61.6%；2020 年，该区域林草固沙植被总面积 6357.9 万公顷，植被覆盖率为 65.3%。42 年间，该区域林草固沙植被总面积增加 360.7 万公顷，植被覆盖率增加 3.7 个百分点。这表明在植被恢复的同时，沙化程度近20 年间也出现下降的趋势。

（三）研发并示范一系列退化生态保育与修复技术

针对北方防沙治沙带各生态屏障区的区域特点，研发并示范了相应的退化生态保育与修复技术，并通过实施重点生态防护综合治理工程用

---

① 1 亩 ≈ 666.7 平方米。

以恢复受损的生态系统。以新疆生态屏障区为例，通过阐明气候变化对生态系统的影响及未来趋势、揭示气候变化机理，提升了应对气候变化的基础能力水平；同时通过提出并运用沙漠－绿洲理论体系，开创了流动沙漠治理与沙漠"绿色长廊"——柯柯牙荒漠绿化工程建设，极大地拓展了荒漠化治理的途径。

二、北方防沙治沙带建设面临的问题

（一）植被衰退形势依然严峻，生态环境污染严重，治理难度大

以内蒙古生态屏障区为例，该区在生态屏障区建设的过程中，固沙林结构单一、稳定性差等情况较明显。大面积的纯林破坏了生态系统结构与功能的多样性、自组织性及有序性，形成的人工林生态系统与复杂的、稳定的自然生态系统相比稳定性差。此外，内蒙古资源开采区域内的传统大型工业，如矿采、冶炼、化工、材料等行业，普遍采用老旧的工艺，导致产污点位多且分散。污染物排放强度大、种类繁多、成因复杂，环境复合污染突出，深度治理难度大。矿区因此遭受了严重的生态破坏与环境污染，这进一步加大了治理的难度。

（二）沙化面积存量大，防沙治沙任务重

沙化土地存量大，加之执法不严、监管不力，无序开垦和破坏现象仍然存在，这在一定程度上加剧了防沙治沙的任务难度。以甘肃生态屏障区为例，甘肃省是全国土地沙化最为严重的省份之一，属于典型的干旱荒漠绿洲交错区，水资源是区域生态与社会经济协调发展最重要的限制因素。已经治理的沙地林草植被尚处于恢复阶段，极易遭受破坏，因此，该区生态建设面临的最大问题是如何基于水资源承载力实现生态系统功能可持续提升，协同区域社会经济可持续发展。而实际情况是，一

些地方过度樵采放牧和开垦等破坏沙区植被资源的现象时有发生，一些沙区开发建设项目在立项和实施过程中没有同步跟进防沙治沙措施，对生态造成了新的破坏。此外，多数地区在防沙治沙任务中，科技支撑的实施水平低，治理措施也相对落后。同时，当前基层专业技术人员的业务能力和装备水平难以适应防沙治沙的新形势和新任务的需求。

（三）监测机制建设不够完善，科技支撑水平较低

在北方防沙治沙带生态屏障建设过程中，生物多样性保护技术基础薄弱、气候变化监测能力不足、管理机制不完善、保障机制不健全、全社会保护意识不强和相关的高层次创新人才不足等现象较明显，从而导致环境污染防治科技支撑力度不强、基础理论研究薄弱、治理效率不高、监测/预报预警系统及共享机制不完善，特别是监测体系与预警预报水平有待提升。因此，需要加大对生态系统退化诊断、生态恢复效益评估、保护恢复关键技术评价、生态屏障可持续管理等方面的部署。

三、北方防沙治沙带建设的新使命、新要求

在新的发展阶段，北方防沙治沙带的建设对科技支撑提出了新的使命和要求。在"双碳"背景下，北方防沙治沙带作为碳固存潜力最大的区域之一，面临着如何在推进北方防沙治沙带生态屏障区建设的同时增加陆地生态碳汇、助力实现"碳中和"目标的挑战。同时，在生态文明建设背景下，统筹山水林田湖草沙系统治理，对保障北方生态与生产安全具有深远的意义。此外，全球气候变化已经对陆地生态系统结构和功能等产生了可辨识的影响，这可能会对未来北方防沙治沙带的建设成效带来更大的风险。

因此，新时代的中国式现代化和生态环境治理，需要组织实施跨越

半个世纪、覆盖全域国土空间和全社会行动的"减排－增汇－扩绿－保绿－兴绿"多目标有机结合的"超大型生态环境系统工程"。迫切需要依托"建制化、体系化及国际化"的综合研究机构，有效组织跨区域、跨学科、跨部门的科技攻坚，系统性解决系列全局性和挑战性的重大生态、资源和环境问题，为全域生态环境治理提供科技服务和保障。

同时，基于不同区域生态屏障建设在减少风沙危害、恢复生物多样性和矿产资源生态恢复等科技需求方面的差异，北方防沙治沙建设应当结合各生态屏障区地貌格局特点且兼顾经济社会发展的可持续性。一方面，提高气候变化对不同生态屏障区水资源、生态系统、沙漠化、粮食生产、能源利用及重大工程建设等影响的综合分析能力；另一方面，还需加强生态屏障区内重要生态系统保育修复技术研发、集成和应用，从而提出适应气候变化的对策性建议，并构建支撑北方防沙治沙带生态屏障建设的战略体系。具体到各个区域，详情如下。

（一）内蒙古生态屏障区

以推动森林、草原和荒漠生态系统的综合整治和自然恢复为导向，坚持"以水定绿"、林草结合，持续推进防护林体系建设、退化草原修复、水土流失综合治理等，大力实施退化林修复，进一步增加林草植被覆盖度。在科尔沁、浑善达克等重要沙地和重要风沙源进行科学治理，加强水土流失和荒漠化治理，控制沙漠扩展；在黄河、西辽河等流域加强林草植被建设，保障生活生产用水和下游生态安全，实现水生态平衡。

（二）甘肃生态屏障区

依托中国科学院在甘肃的研究机构，联合兰州大学和地方科研院所的科技力量，集成长期以来围绕北方沙区水土资源、生态水文、沙漠化过程及其防治、风沙物理、植物抗逆、环境修复生物技术、综合治理和产业技术等方面所取得的大量成果，组建优势学科领域和团队，申报国家及省部级各类重大基础研发和科技攻关项目。针对国家战略需求，构建"产学研用"为一体的防沙治沙体系，改变以往防沙治沙工程主要由国家投入和管理的单一模式，引入社会资源，探索科技、企业、大众相结合的生态治理产业化新模式，创新防沙治沙体制和机制，开创生态文明建设新途径。

（三）新疆生态屏障区

在生态系统保护修复的重点科技领域，加强研究生态系统对全球气候变化的响应，重建气候与生态系统变化的历史，探究气候变化机制与生态系统变化的归因、预测与风险管理。同时，研究陆地生态系统的生态水文过程、多尺度多要素的生态水文过程耦合机理与模拟，以及生态水文过程变化中的水－碳耦合关系。在气候变化应对的重点科技领域，积极发展节能减排技术，推动能源低碳变革，有序推进新能源和可再生能源利用，制定并实施碳达峰行动方案。增加生态系统碳汇，加强森林、草原碳汇相关基础课题研究。提高生态脆弱区适应能力，保障林－草－畜－人"四位一体"、生态－经济－社会"三系合一"的山地生态系统安全，推进国家公园与荒漠保护区体系建设。

第三节　北方防沙治沙带建设的关键性科技任务与平台

北方防沙治沙带依然面临着自然环境脆弱，对全球气候变化响应敏感，资源－生态－经济问题突出、互馈关系复杂等问题，当前生态屏障建设及功能提升面临严峻挑战。在全球气候变化背景下，应当紧密结合生态屏障区建设的区域典型特点和生态环境变化趋势，围绕基于自然的退化林草生态系统修复模式、水－能源－粮食系统气候变化适应机制、环境污染防治技术开发与应用等方面开展北方防沙治沙带建设的关键性科技任务。同时，随着全球气候变化研究的深入，面向社会可持续发展的全球气候变化风险与应对、全球气候变化对资源环境要素时空配置与生态系统的影响评估等应用性问题正成为全球气候变化领域的新趋势。受区域生态系统时空复杂性和多变性的影响，短期的观测和实验不能有效支撑北方防沙治沙生态屏障区的建设，亟须加强各类科技基础设施、监测观测预测预警等平台体系的构建。

一、北方防沙治沙带建设的关键性科技任务

（一）通过基于自然的解决方案，构建典型退化林草生态系统修复模式

基于资源环境要素约束条件，明晰区域天然植被与人工植被结构与稳定性方面的差异及其影响机制，提出人口、产业、社会等因素变化导致的能源利用和污染物排放转移定量评估关键技术，明确林草生态系统的系统退化机制。在此基础上，重点突破典型生态系统的固碳贡献及维持机制的评估，实现植物、微生物等在碳增汇中的技术模式和应用示范等的开发，构建典型退化林草生态系统修复模式、结构优化模式，形成适合区域资源环境条件的近自然恢复理论及近自然恢复技术模式，实现多尺度建成稳定的近自然恢复技术模式示范园区建设，全面提升区域生态服务功能及区域尺度生态效益，实现生态系统可持续稳定恢复。

（二）建立跨流域水资源配置方案，构建水－能源－粮食系统气候变化适应机制

提出跨流域调水的可行性与适应气候变化的对策、水－能源－粮食

系统的适应性机制和保障技术示范应用、集成污水治理与废水再生利用、盐碱地改良与开发利用等关键技术。科学评估不同生态屏障区水资源开发潜力和保障能力，系统解析山地–绿洲–荒漠三大生态系统耦合、互馈机制，研究提出河–湖–库水系连通与水资源均衡配置方案，研发集成退化生态系统保育、修复与生态安全保障技术，构建水–能源–粮食生态系统协同发展与安全保障技术体系。

（三）开发与应用环境污染防治技术，提升生态系统管理水平

污染源协同控制技术及应用示范和资源安全风险防范评估体系的建设也是当前治沙防沙屏障区建设的关键性科技问题。应当加强水环境管理，推广节水技术，提高用水效率，科学保护水资源、保障水生态环境安全；加大大气环境污染防治研究的科技支撑力度，加强沙尘天气与大气环境污染的联防联控，划定防风固沙生态功能区，调整能源结构，提高清洁生产技术水平；严格环境执法监管，提升监管水平，完善环境影响评估审批制度。

二、北方防沙治沙带科技支撑平台建设

（一）整合不同类型的生态系统监测网络，构建北方防沙治沙带生态系统监测平台体系

干旱地区的荒漠植被是植物与其环境长期适应、不断进化和发展而形成的，关于生态系统演变驱动机制的深入研究是当前治沙防沙屏障区建设的主要短板和重要基础性科技问题之一。优化组合北方防沙治沙带内分布的有关荒漠、沙漠、沙地、林地生态系统的定位观测研究站，依据相同的观测内容和测定方法，同步开展荒漠化过程中水资源、土壤、气候、生态方面的观测和研究。通过对不同区域数据的综合分析，查明

各生态屏障区水资源、土壤、气候、生态关键要素现状及变化规律，探索我国荒漠化生态过程的空间分异规律及其对资源环境要素变化的响应机制，进一步系统认知沙漠化过程与人类活动和气候变化的关系，明晰全球气候变化背景下环境资源要素对生态系统演变的驱动机制，为整个北方防沙治沙带生态屏障建设的顶层设计提供科学依据。

（二）构建多要素的智能监测、风险识别及预警防控数字化网络平台

全球变暖引发的极端气候水文事件加剧、频率增强，生态、水文、气候等基础理论研究薄弱，监测体系和共享机制不完善。建立精细化的气候、生态、水资源、生物和环境污染多要素的智能监测、风险识别及预警防控数字化网络平台，是当前治沙防沙屏障区建设中的一个重要基础性科技问题。

（三）构建不同时空尺度下的国土空间生态修复监测体系与大数据平台

建设区域内生态系统服务功能价值评价体系、生态环境质量评价和健康诊断指标体系。基于长期观测研究数据，阐明全球气候变化对资源、环境及生态系统的影响过程与机制，创新生态系统恢复重建理论与技术体系，丰富退化生态系统科学修复与保护的内涵。

本章参考文献

[1] 新华社. 习近平在内蒙古巴彦淖尔考察并主持召开加强荒漠化综合防治和推进"三北"等重点生态工程建设座谈会. https://www.gov.cn/yaowen/liebiao/202306/content_6884930.htm?eqid=91f4af490029d6da000000026498fd17[2023-06-06].

[2] 王涛, 宋翔, 颜长珍, 等. 近35a来中国北方土地沙漠化趋势的遥感分析. 中国沙漠, 2011, 31（6）: 1351-1356.

[3] 中国绿色时报. 甘肃: 奋力谱写中国式现代化实践林草篇章. https://lycy.gansu.gov.cn/lycy/c105793/202401/173846529.shtml[2024-01-26].

第十一章

科技支撑新疆生态屏障区建设

　　新疆，作为我国西北边陲的重要省份，既具有辽阔的地域空间和独特的地理位置，也拥有复杂的生态环境和丰富的自然资源；不仅是筑牢我国北方生态安全屏障的前沿阵地，也是我国荒漠化治理和生态修复的重点区域。近年来，科技为新疆生态屏障建设提供了强有力的支撑。遥感监测技术、生态修复技术和新能源技术等先进手段，助力新疆在荒漠化治理、盐碱地改良及资源利用等方面取得了显著成效。不过，新疆生态屏障建设仍面临诸多挑战，例如，沙漠化和盐碱化等生态问题依然严峻，水资源短缺和水盐过程失衡等问题依然突出，经济社会的可持续发展水平仍然较低，等等。面对这些挑战，未来科技支撑新疆生态屏障区建设需要聚焦山地－绿洲－荒漠生态系统的关键科学问题，既要关注河西走廊—塔克拉玛干沙漠边缘阻击战、准噶尔盆地南缘活化沙丘治理、吐哈盆地戈壁大风侵蚀防治等关键性科技任务，也要推动防沙治沙新方法、新技术的研发和防沙治沙与产业融合发展研究。总之，新疆生态屏障建设既面临严峻挑战，也被赋予了历史机遇。科技将为推动新疆乃至我国西北地区的可持续发展提供有力支撑，也将为提升中华民族的生存质量和国家战略安全提供坚实的保障。

第一节　新疆生态屏障的主要特征

　　新疆是我国的土地大区，也是我国的荒漠大区。新疆总面积166.49万平方公里，约占我国陆地总面积的1/6，其中山地面积（包括丘陵与高原）和平原面积（包括塔里木盆地、准噶尔盆地和山间盆地）各80多万平方公里。新疆与俄罗斯、印度、巴基斯坦等8个国家接壤，是我国面积最大、边境线最长、对外口岸最多的一个省级行政区。新疆位于北半球中纬度温带荒漠中心地带，东亚季风难以到达，"大漠连天一片沙"奠定了新疆戈壁与荒漠的基本地貌，使得其成为我国西北干旱区的主体。据统计，新疆荒漠化土地面积达 106.86 万平方公里，占全国荒漠化土地的 41.52%，是我国荒漠化及沙化土地分布最集中、面积最大、危害最严重的省份。[1] 受温带大陆性荒漠气候影响，新疆干旱少雨，风大沙多，光热风资源丰富，居全国前列。同时，新疆荒漠景观独特、生物多样性丰富，被誉为"世界盐碱土的样本库"。其中，塔克拉玛干沙漠被冠名为"风沙地貌的博物馆"。

新疆生态环境总体上表现为"两多一低"，即沙漠化土地多、盐碱化土地多、森林覆盖率低。第六次全国荒漠化和沙化调查结果显示，新疆全区沙化土地总面积为 74.68 万平方公里，约占新疆总面积的 44.86%。其中，塔克拉玛干沙漠面积达 33.76 万平方公里，是我国最大的沙漠，也是世界第二大流动沙漠。新疆盐碱化土地面积达 13.36 万平方公里，沙漠化土地、盐碱化土地面积合计占新疆总面积的 52.88%，是长三角地区三省一市面积的 2.45 倍。新疆现有林地面积 3.2 亿亩，森林 1.24 亿亩，森林覆盖率 5.02%，远低于全国平均数（21.36%）。[2]

新疆普遍存在风沙、水盐生态退化的"孪生"问题。新疆拥有广阔的内陆河流域，570 多条河流（不包括山泉、大河支流）[3] 中除额尔齐斯河（注入北冰洋，新疆境内的流域面积约 5 万平方公里）属外流河之外，其余均为内陆河，其中塔里木河是中国最长的内陆河。大多数河流发源于山区，流经戈壁、绿洲，耗散于沙漠或注入尾闾湖泊，形成了以河流为主线，绿洲为核心，荒漠为背景的山盆地貌格局和复合生态系统。在干旱区内陆河流域，受水文过程、水资源利用等自然和人为因素综合影响，山区水土流失、灌区土壤盐渍化、沙区土地沙化等问题并存。在绿洲内外、河流沿岸、湖泊周边，特别是"风头水尾"区域，如阿克苏、喀什、莎车等灌区，塔里木河下游及台特玛湖等地区，水盐过程与风沙过程相互交织。最终，缺水导致土地表层干旱就沙化，多水造成土壤盐分表聚就盐化，形成干旱区内陆河流域"孪生"的生态退化特征。

第二节　新疆生态屏障的战略地位

新疆既是荒漠化地区与经济欠发达地区、少数民族聚居区等高度耦合的重点区域，也是风电光伏、特色产业、功能农业等新兴产业发展的主导空间。新疆沙漠化土地面积占其总面积的44.86%。截至2020年底，全区常住人口2587万人，少数民族人口占总人口的57.76%。全区人均生产总值从2015年的39 520元增加到2020年的53 593元，但仍远低于当年全国人均生产总值（80 976元）。新疆日照时间长，辐射量大，光热资源丰富，沙漠、戈壁、荒漠土地辽阔，面积约占新疆土地面积的80%以上。① 在《国家"十四五"可再生能源发展规划》中，新疆布局了东疆、北疆、南疆三大千万千瓦级的风电光伏基地。

新疆既是我国主要的上风口和尘源地，也是筑牢我国北方生态安全屏障的前沿阵地。新疆大风口众多，其中西部境外有5个大风口，对新疆及其以东地区造成了严重的影响。新疆沙尘释放量大，除在新疆内循环输送之外，也可"南扩东散"，影响青藏高原北部、河西走廊、华北平原等。据研究，源于塔克拉玛干沙漠的浮尘上至8000～12 000米，然后向外扩散影响北方地区，其尘源贡献率占26%。[4] 在《全国重要生态系统保护和修复重大工程总体规划（2021—2035年）》中，"两屏三带"的北方防沙带设有6个国家重点生态功能区，其中新疆的阿尔泰山地森林草原和塔里

① 资料来源：国家林业和草原局第六次全国荒漠化和沙化调查结果。

木河荒漠化防治列在其中。北方防沙带生态保护和修复重大工程中包括新疆的塔里木河流域生态修复工程与天山和阿尔泰山森林草原保护工程。

新疆既是"丝绸之路经济带"建设的核心区，也是以荒漠化治理和生态修复为标志的绿色丝绸之路建设的重点地区。新疆凭借地处亚欧大陆腹地的优势，依靠其内畅外联的现代立体交通网络，从边陲之地逐渐发展成为"丝绸之路经济带"核心区的枢纽。在"一带一路"倡议中，新疆是三大经济走廊的重要节点，但经过新疆的节点都存在干旱、风沙、盐碱等荒漠化问题，因此，新疆生态屏障建设对"一带一路"生态环境保护和绿色发展具有重要的引领示范作用，特别是天山北坡经济带生态安全和环塔里木盆地生态建设，以及伊犁河、额尔齐斯河生态环境修复等重点区域。

总而言之，新疆工作在党和国家工作全局中具有特殊而重要的战略地位。新疆生态屏障建设事关我国生态安全，对于提升中华民族的生存质量和维护国家战略安全具有重要意义。

第三节　新疆生态屏障建设成效与面临的挑战

近年来，科技支撑新疆生态屏障区建设在科学治沙关键技术攻克、防沙治沙与脱贫致富融合发展模式探索、生态系统保护修复统筹模式推进等方面成绩突出，荒漠化和沙化土地面积实现了"双缩减"，沙区生产生活条件得到了大幅改善。[5]进入新阶段，针对新疆生态系统极度脆弱、生态问题依然突出的总体特征，新疆生态屏障建设未来形势复杂严峻。以人沙和谐为目标指向，以沙漠边缘阻击战为重点任务，推动防沙治沙高质量发展，成为科技支撑新疆生态屏障区建设面临的重大挑战。

一、新疆生态屏障建设成效显著

为推动新疆生态屏障建设，国家科技部门和地方政府重点关注水资源、生态、荒漠化等领域的科技需求，启动了一批国家重点基础研究发展计划（简称"973 计划"）和国家重点研发计划项目，主要包括"亚欧内陆荒漠生态系统对全球气候变化的响应特征与区域生态安全""新疆干旱区盐碱地生态治理关键技术研究与集成示范""天山北坡退化野果林生态保育与健康调控技术""西北特殊生境有色金属污染场地土壤原位物化和生态修复技术及集成示范"等。自 2019 年起，启动和实施了第三次新疆综合科学考察，旨在建立新疆科学考察数据平台与标准体系、生物种质资源库及国家植物园等。同时，计划重组和升级全国重点实验室、国家工程技术中心和国家野外站，这些措施有效地支持了新疆生态屏障建设。

总体上，在党中央的坚强领导下，新疆生态屏障建设取得了阶段性进展。一是攻克了科学治沙关键技术，建成了生态屏障样板工程，创立了风沙区工程防护、荒漠植被恢复等关键技术，并建设了柯柯牙荒漠绿化工程、塔里木沙漠公路防护林生态工程等。二是探索出了防沙治沙与脱贫致富融合发展模式，实现了生态与生计协同发展，如肉苁蓉稳产高产模式、环塔里木林果业等。三是推进了生态系统保护修复统筹模式，推动了人与沙漠和谐共生，截至 2023 年，新疆建立了 5 个国家防沙治沙综合示范区、46 个国家沙化土地封禁保护区，以及 27 处国家沙漠公园。[1]

二、新疆生态屏障建设面临的问题

新疆生态环境先天不足，后天又深受气候变化和人类活动的双重影响，导致区域整体生态系统脆弱，沙尘扩散与绿洲扩展交织并存，防沙治沙高质量发展仍面临许多问题。

（一）河西走廊—塔克拉玛干沙漠边缘阻击战的范围不清，锁边工程布局亟待科技支撑

在科学层面上，沙漠边缘是一个复杂的地理综合带和生态过渡区，具有边缘效应、多场耦合、界面过程、梯度变化等特点。在战略层面上，沙漠边缘是西北地区包括新疆在内防沙治沙的重点区域，是阻击战的重点靶区。然而，在工程层面上，沙漠边缘是锁边工程的布局空间和实施范围，需要上图落地，有明确的规划。对沙漠边缘特别是锁边工程的理解模糊，导致防沙治沙空间和范围不清，甚至出现片面扩大造林空间和在极困难立地造林等现象，容易造成防沙造林种草与其他草地、规划利用地等地类争夺空间的局面。

（二）新疆防沙治沙标准体系不健全，支撑防沙治沙标准建立的科学依据尚不充分

新疆沙化土地面积大，分布范围广，且不同地区的自然条件差异显著，尤其是防沙造林种草的水资源量、立地条件及社会经济状况等具有明显的地域性。然而，目前的造林补贴标准、造林技术模式、防沙治沙技术等趋向同质化，缺乏针对不同环境条件的差异化标准，导致不同地州和县市存在灌溉用水收费的价格差异。此外，造林工程投资补助标准较低，使得地方政府在造林工程建设中承担的成本偏高，进而影响了沙化土地治理任务上报的积极性。

（三）防沙治沙与沙产业发展尚存在空间错位情况，需要加快推动二者融合发展

近年来，新疆沙产业展现出良好的发展势头，但与防护体系的建设

存在一定的空间错位，沙产业的发展正逐渐向沙漠腹地和戈壁等困难立地类型扩展，偏离了防沙治沙工程。目前，新疆荒漠光伏产业、沙漠设施农业发展迅速，但其基地建设自成体系，尚未与当地防沙治沙体系有机融合。由于生态产业与生态防护存在空间错位及水土失调，流域尺度上的生态建设成果难以持续巩固。此外，从空间、产业、政策促进防沙治沙与沙产业融合发展的规划尚未被提上议程。

第四节　新疆生态屏障建设的科技需求与关键性科技任务

党的十八大以来，以防沙治沙高质量发展为标志，新疆生态屏障区建设进入了新阶段，对科技的需求更为迫切。为解决新疆生态屏障区建设面临的重点、难点和卡点问题，以国家重大需求和科学前沿为导向，深入系统研究新疆干旱区山地－绿洲－荒漠三大生态系统的关键科学问题，算好"水账"，估好"碳量"，打好"沙仗"，为科技支撑新疆生态屏障区建设发挥重要作用，满足新疆生态屏障维持机制与建设科技需求的重点目标。

一、"人沙和谐"的科技支撑新需求

针对新疆干旱、缺水、风大、沙多等区域特点，科技支撑新疆生态屏障区建设亟须在生态用水、沙漠锁边、沙漠保护、困难立地造林等方面做功课、下功夫。主要包括：①需要科学界定沙漠边缘阻击战的精准空间和适宜范围；②需要科学解决沙漠边缘阻击战的生态用水缺口问题；

③需要突破困难立地林草带建设关键技术；④需要创建沙漠锁边工程的技术规范与标准体系；⑤需要构建防沙治沙与产业发展的融合机制和政策保障体系。

以防沙治沙为主攻方向，新疆生态屏障区建设的科技新使命包括：充分发挥科技在防沙治沙中的发动机、助推器、催化剂作用，提高科技站位，前移科技重心，提升科技研发和创新的核心能力，提高新疆生态屏障区建设的科技水平；提升新疆生态屏障区建设科技任务与国家重大战略相匹配的战略研究、机构建设和能力建设水平，建立与国家重大战略相匹配的科研机构体系，统筹新疆、援疆及各行业、各层面的科技力量，形成科技支撑"一盘棋"，实现科技支撑新疆生态屏障区建设；集中优势科研团队力量，在新疆防沙治沙阻击战主战区建成科技创新高地，建立科技创新园和科技示范园，保障打好和打赢科技攻坚战；通过"揭榜挂帅"等多种形式，建立基础科学研究、技术科学研究、科技支撑保障的"三位一体"科技攻关任务体系，加强防沙治沙新方法、新技术、新材料、新装备研发与研制，鼓励多学科交叉研究。

二、新疆生态屏障建设的关键性科技任务

新疆生态屏障区建设是一项复杂的系统工程，面临着诸多亟待解决的科技任务，重点包括河西走廊—塔克拉玛干沙漠边缘阻击战科技攻关、准噶尔盆地南缘活化沙丘治理、吐哈盆地戈壁大风侵蚀防治、防沙治沙技术规范与标准体系研究、防沙治沙与产业融合发展研究、超级风沙观测场搭建等关键性科技任务。

（一）河西走廊—塔克拉玛干沙漠边缘阻击战科技攻关关键性科技任务

河西走廊—塔克拉玛干沙漠边缘是我国风沙活动强烈区和主要沙尘

策源地。随着人口数量的增长和社会经济生产水平的提升，人工绿洲（耕地）面积不断扩大，绿洲防护体系趋向完善。然而，沙漠—绿洲过渡带多被垦蚀，风沙危害剧增，特别是绿洲之间风沙防护缺口成为沙漠边缘流沙外侵的主要通道。重点治理区的主要任务包括：沙漠—绿洲过渡带植被修复与重建；沙漠边缘绿洲之间风沙防护缺口防风阻沙；绿洲外围防护体系结构优化与功能提升；沙漠边缘暂不宜治理的沙化土地封禁保护；塔里木河干流河道漫溢－沟汊渗灌胡杨林植被恢复；干涸裸露河床、湖滨土壤风蚀控制；塔里木河下游集中连片的沙化土地封禁保护；塔里木河下游河流－湖泊－道路一体化防护体系建设。

（二）准噶尔盆地南缘活化沙丘治理关键性科技任务

准噶尔盆地南缘属于天山北坡经济带，人口集中，产业聚集，交通干线和能源管线密布。然而，该区地处阿拉山口和老风口的下风向，受人类活动和气候变化影响显著，沙漠边缘农田与沙垄镶嵌分布，沙丘活化明显，风沙灾害综合评估主要为中高风险。重点治理区的主要任务包括：古尔班通古特沙漠边缘活化沙丘区退化植被恢复；荒漠生物多样性保育；绿洲防护体系结构优化与功能提升。

（三）吐哈盆地戈壁大风侵蚀防治关键性科技任务

吐哈盆地戈壁大风侵蚀重点治理区是大型－超大型煤田、油气田等工矿和道路管线广泛分布区，更是"一带一路"基础设施工程的关键区段。该区气候极端干燥，分布有哈密的"百里风区"、吐鲁番的"三十里风区"和淖毛湖风区等大风区，风力作用强烈，戈壁砾幕层薄。这些条件对东疆能源基地、交通干线、绿洲农田、城镇村庄等造成了严重的危害和巨大的威胁。重点治理区的主要任务包括：戈壁荒漠生态系统可持续管理与生态环境保护；重大基础设施与工矿区防风体系构建；绿洲防护体系结构优化与功能提升。

（四）防沙治沙技术规范与标准体系研究关键性科技任务

新疆防沙治沙标准体系不健全，支撑防沙治沙标准建立的科学依据尚不充分。行业间的技术规范和标准体系的差异、工程实施过程中的随意性等，影响了防沙治沙工程的可持续性。因此，防沙治沙高质量发展必须走标准化的路子。重点治理区的主要任务为：针对新疆防沙造林种草的水资源量、立地条件及社会经济状况等不同环境条件，推进新疆防沙治沙标准体系建设，建立不同立地条件下的风沙精准防治技术体系、标准和规范。

（五）防沙治沙与产业融合发展研究关键性科技任务

新疆沙产业发展总体趋好，但存在空间错位、产业链不全等问题。需要整合集成关键技术模式，完善防沙治沙成果转化机制，提升防沙治沙成果转化效果。重点治理区的主要任务包括：开展防沙治沙与产业融合发展研究，以提高防沙治沙建设的自觉性；加强以水资源为指针的防沙治沙与沙产业发展在空间上的融合和在产业组合及产业链上的融合；加强现代化技术包括智能化装备、数字孪生、智慧决策等技术的研发与应用；加强新疆沙漠边缘阻击战在防沙治沙生产模式上升级和标准化换代，提出塔克拉玛干沙漠精准锁边与产业可持续发展路径，为"人与自然和谐共生的现代化"提供可复制和可推广的样板。

（六）超级风沙观测场搭建关键性科技任务

重点在塔克拉玛干沙漠边缘建立超级风沙观测场，建立地下-地表-大气边界层的超级风沙观测实验场，聚焦于流场的边缘效应（风-湍流）、颗粒浓度场和速度场作用机制（沙-颗粒流）/（尘-粉尘流场）、

189

"风－沙－尘"作用过程及致灾机制（湍流－颗粒流－粉尘流场），精确描述大风／沙尘暴发生过程。

本章参考文献

[1] 新疆：从"沙进人退"到"绿进沙退". http://www.xj.xinhuanet.com/20231013/701d93c16 4c34269abbede158e6b1835/c.html[2023-10-13].

[2] 新疆维吾尔自治区林业和草原局. 一起了解新疆林业. https://lcj.xinjiang.gov.cn/lcj/ mtbd/202302/d6198e9a588f4ac390a9926533d907cb.shtml[2023-02-27].

[3] 新疆维吾尔自治区水利厅. 沿着河湖看新疆｜新疆的570条河流 藏着这些秘密. https://slt.xinjiang.gov.cn/xjslt/c114427/202309/bb16da3959cb4ebea8ba35fe76077e8e. shtml[2023-09-15].

[4] Meng L，Zhao T，He Q，et al. Dust radiative effect characteristics during a typical springtime dust storm with persistent floating dust in the Tarim Basin，Northwest China. Remote Sensing，2022，14（5）：1167.

[5] 曹华. 新疆实现荒漠化沙化土地"双缩减". 新疆日报（汉），2022-06-18（2）.

第三部分

重点领域

科技支撑西部生态屏障建设主要涉及生态系统保护修复、气候变化应对、生物多样性保护、环境污染防治、水资源综合利用等5个关键领域，它们均是西部生态屏障建设的关键重点领域。本部分将对5个重点领域进行逐一介绍，分析西部生态屏障建设中各领域的重要意义，总结我国在西部生态屏障建设相应领域采取的举措及取得的成就，研判西部生态屏障建设各领域存在的问题与面临的挑战，提出新阶段西部生态屏障建设各领域的关键性科技任务。

第十二章

科技支撑西部生态系统保护修复

西部的自然生态系统主要有森林、灌丛、草地、湿地、荒漠等，占西部土地总面积的 84.81%。其中，草地是面积最大的生态系统类型，约占总面积的 39.62%，西部是我国草地的主要分布区，其草地面积占全国草地总面积的 96% 以上；荒漠占 20.01%，森林与灌丛占 22.03%，湿地占 3.15%。此外，还有农田与城镇等人工生态系统，分别占 9.34% 与 1.24%。生态系统的空间分布受水热组合条件的影响，其中西北部主要受降水梯度的影响，自东向西由草甸草原、温带典型草原向荒漠过渡，西南部主要由热量决定，从低海拔到高海拔，从森林向高寒草原、高寒荒漠和冰川过渡。

第一节　西部生态系统保护修复的重要意义

作为国家生态安全屏障主体，西部拥有巨大的生态资产存量，是生态系统产品与服务的主要供给地，是国家生态系统保护修复的主战场。科技支撑西部生态系统保护修复能力建设对切实提高西部生态屏障自然资源保护管理能力、巩固生态系统保护修复建设成果具有重要意义，是维护国家生态安全、推动高质量发展的重要基础。

一、西部是我国生态系统产品与服务的主要供给地

2020 年，西部生态资产占西部国土总面积的 84.81%，占全国自然生态系统总面积的 79.57%。西部地区生态系统的水源涵养量为 7326.18 亿立方米，土壤保持量为 1057.59 亿吨，防风固沙量为 296.57 亿吨，生态系统总碳汇 5.98 亿吨 CO_2。

二、西部是国家生态系统保护修复的主战场

通过综合考虑生态系统的服务功能重要性与生态敏感性等分布特征，可以确定生态保护的重要性等级及格局。西部生态保护极重要区与重要区的面积为 412.19 万平方公里，占全国的 72.35%。主要分布在内蒙古东部大兴安岭林区、呼伦贝尔草原、秦巴山区、横断山区、三江源、祁连山、天山、藏东南等地区。

第二节　西部生态系统保护修复取得的成就

近年来，西部地区森林覆盖率持续上升，生态系统质量大幅提升，生态问题得到有效改善，部分珍稀濒危物种如大熊猫、朱鹮、藏羚羊的种群与栖息地得到恢复。在青藏高原、黄土高原等典型区域，长江流域及石漠化治理等方面生态保护成效明显，为保障全国生态安全做出了重大贡献。

一．青藏高原生态屏障建设方面

"八五"（1991～1995 年）到"十三五"（2016～2020 年）期间，国家实施了一系列青藏高原生态系统保护和恢复工程，包括天然林资源保护工程、草地生态保护与建设工程、林地生态保护与建设工程、水土流失综合治理工程和沙化土地治理工程，以及退牧还草工程、退耕还林还草工程等重点工程。这些生态保护工程和政策的实施，使青藏高原的生态环境得到了改善，有效促进了区域生态质量和服务功能的稳步提升。

二、黄土高原生态屏障建设方面

据统计，过去30年间，黄土高原生态系统保护修复领域共获得2175项国家及地方科技研发项目的支持，包括"973计划"项目、国家科技支撑计划项目、国家重点研发计划项目、国家自然科学基金项目等。在这些项目的支持下，科技成果产出呈快速增长态势，"黄土高原生态系统过程与服务""黄土高原综合治理定位试验研究""甘肃黄土高原灌草优化耦合技术模式与示范""黄土高原水土流失治理与可持续发展关键问题研究"等一系列相关项目获得国家和省部级科学技术奖励。上述科研项目的开展和成果产出为保护性农业的开发、小流域水土保持综合治理和退耕还林（草）等重大工程的持续开展提供了重要的科技支撑，并取得了显著成效。

三、新疆生态系统综合治理方面

"十三五"以来，中央财政大力支持新疆开展额尔齐斯河流域山水林田湖草生态保护修复工程和塔里木河重要源流区（阿克苏河流域）山水林田湖草沙一体化保护和修复工程。依托"三北"防护林、退耕还林还草、小流域综合治理等工程，持之以恒地推进防沙治沙和水土流失防治，全区荒漠（沙）土地面积扩展速度减缓。阿克苏柯柯牙荒漠（沙）化治理取得了巨大成效，成为全国生态治理的典范。通过大力实施退化防护林修复，全区森林资源总量持续快速增长、质量稳步提升。

四、长江上游地区治理方面

长江上游地区是我国最早开始大规模生态建设工程的地区之一，早在 20 世纪 80 年代，国家就先后启动了"长防工程"和"长治工程"。近几十年来，尤其是 1998 年长江特大洪水之后，我国在长江上游地区实施了一系列具有国际影响力的重大生态治理工程，对于遏制长江上游生态环境恶化，促进区域生态环境持续改善发挥了重要作用，取得了良好的生态和社会效益，生动诠释了"绿水青山就是金山银山"的崇高理念。在这一系列工程中，尤以天然林保护工程与退耕还林工程最具有代表性。这两项工程是中华人民共和国成立以来投资力度最强、实施规模最大、影响范围最广的生态建设工程，对于筑牢长江上游生态屏障发挥了举足轻重的作用。至 2018 年，上述两项重大生态建设工程基本完成了规划目标，取得了较大的生态与社会经济效益。为配合国家的西部大开发战略、支撑两大生态建设工程在西部地区的实施，中国科学院于 2000 年实施了"西部行动计划"，在黑河、塔河、岷江上游、内蒙古草原开展了大规模的生态恢复研究和试验示范，并取得了一批卓有成效的科研成果。其中，在岷江上游的生态恢复试验示范为云贵川渝地区推动大规模生态建设提供了有力的科技支撑，推动了长江上游地区的生态屏障建设。

五、石漠化治理方面

针对西南喀斯特生态脆弱区石漠化治理综合效益低、生态服务提升慢、治理技术与模式缺乏可持续性等问题，在深入研究西南喀斯特地区生态格局演变、地表–地下二元水土过程机理、植被喀斯特异质性生境适应性及生物多样性维持机制基础上，研发了表层岩溶水生态调蓄与高效调配利用、洼地内涝防治、土壤漏失阻控与肥力提升、喀斯特山区草–畜立体种养、水土流失综合防控、植被复合经营与生态衍生特色产业培育、石漠化垂直分带治理等技术，培育和发展了替代型草食畜牧业、特色经济林果、中草药、高端饮用水等生态衍生产业。同时，将生态治理与扶贫开发有机结合，创建了石漠化治理－生态衍生产业培育－生态系统服务提升的科技扶贫体系，集成喀斯特水土过程特征（坡地地表"超渗－蓄满"产流和壤中流"充填－溢出"）、景观结构垂直分异、人工林提质改造、不同生境类型植被复合配置及生态产业模式，提出了石漠化治理与生态产业扶贫的协同模式，探索形成了生态系统服务提升与特色产业发展融合的长效扶贫机制，为西南喀斯特地区石漠化综合治理与脱贫攻坚提供了示范样板与系统性解决方案。国家发展和改革委员会、国家林业和草原局将相关治理技术与模式视为喀斯特山区产业发展的典型案例和石漠化治理的典型样板。这些技术在支撑广西环江毛南族整族脱贫方面发挥了重要作用，因此被世界银行、联合国粮食及农业组织、亚洲开发银行等机构选为"全球减贫最佳案例"。

第三节 　西部生态系统保护修复面临的挑战

近年来，国际和国内关于生态系统保护修复的战略关注度逐渐提升，这对该领域科技支撑我国生态屏障建设提出了新的使命和新的要求。从国际视角来看，联合国可持续发展目标的实践进程不断深化，"联合国生态系统恢复十年"行动计划（2021—2030 年）、《联合国防治荒漠化公约》、《生物多样性公约》、《联合国气候变化框架公约》等相关国际公约的履约责任，都要求我国在生态系统保护修复领域继续加大科技投入和科技支撑，在国际社会树立负责任的生态文明大国形象，进一步提高我国的国际影响力和话语权。从国内视角来看，西部是我国地质灾害与森林火灾的高风险区，也是气候变化的生态高敏感区，更多的挑战来自人类活动对生态系统的不利影响与科技支撑不足等，主要包括如下方面。

一、发展与生态保护存在冲突

西部地区经济社会发展滞后于中东部地区，且其城镇化率、人均生产总值、收入均明显低于全国平均水平，经济社会发展需求与脆弱生态环境的矛盾，可能是今后很长一段时期发展与生态系统保护修复面临的挑战。同时，西部是我国矿产资源的重要产地。矿产资源的开发引发了严重的生态环境破坏和污染问题，导致地面沉降、滑坡、裂缝和溃坝等次生地质灾害频发，给生态系统与人民生命财产带来了巨大的风险。

二、草地过度放牧问题仍然普遍

2020 年，西部 12 省（自治区、直辖市）实际载畜量 5.086 亿羊单位，扣除种植饲料作物与其他来源饲料支撑的 1.762 亿羊单位，草地实际载畜量 3.324 亿羊单位。与草地理论载畜量 2.039 亿羊单位相比较，草地总体超载 1.285 亿羊单位。超载问题十分严重，是导致草地退化、沙化和沙尘暴问题加剧的重要原因。

三、缺乏科学的生态保护评估和绩效考核机制

长期以来，西部生态保护成效的考核只注重单一生态要素，且生态建设工程与实施成效自我评估的现象普遍。尚未形成从保障国家和区域生态安全的要求出发设计考核指标和考核机制，导致不合理资源开发得不到追责，保护得不到合理的鼓励，并将人工造林种草等生态建设简单等同于生态保护与恢复，这种做法加剧了生态系统的人工化。

四、科技支撑不足

西部当前面临的各种生态问题，以及发展与生态保护之间的矛盾，本质上是科技支撑不足。理论上，对西部生态系统与人类活动的相互作用规律与耦合机制认识不足；技术上，未能提供有效的西部退化生态系统恢复与治理的技术和模式。

第四节 西部生态系统保护修复的关键性科技任务

未来，科技支撑我国生态系统保护修复需要在明晰西部生态系统保护修复基础科学问题的前提下，从开发和保护两方面，提升西部地区生态系统对全球气候变化的响应与适应能力，平衡生态多样性与自然地保护，开展一体化保护修复，以及固碳增汇水平和生态产品价值能力建设。具体开展以下研究。

一、西部生态系统保护修复的基础科学问题研究

研究西部生态系统长期的演变趋势，重点关注在全球气候变化背景下，以及资源开发、农牧业生产等人类活动影响下，西部生态系统格局、结构与功能将如何长期演变。西部生态系统服务与国家生态安全及风险研究，重点关注西部生态产品与服务对全国生态安全的贡献，评估与预测西部生态承载力与生态风险，明确西部生态系统对全国生态安全的贡献与影响。西部山水林田湖草沙冰之间的相互作用与关联机制研究，重

点以流域为功能单元，研究生态关联、协同或制约关系，以及其相互作用机制。

二、西部地区生态系统对全球气候变化的响应与适应研究

在全球气候变化的背景下，明确青藏高原、蒙古高原等西部生态屏障如何响应并反馈全球气候变化，无论从区域生态安全层面，还是从社会经济层面上都具有重要意义。重点研究气候变化与生物多样性丧失的关系，生物多样性对气候变化的响应与适应，生物多样性保护与应对气候变化战略的协同推进机制等。

三、生物多样性保护与自然保护地体系构建技术研究

该研究对于实现 2030 年全球生物多样性保护目标、推进以国家公园为主体的自然保护地体系建设具有重要意义。重点围绕西部地区濒危自然生态系统和濒危物种的濒危机制与保护恢复技术、野生生物种质和遗传资源评估与保存技术、外来入侵生物的入侵机制与风险防控技术、以国家公园为主体的自然保护地体系构建及保护成效提升技术等开展研究。

四、西部退化生态系统山水林田湖草沙冰一体化保护和系统治理技术研究

该研究旨在贯彻实施《全国重要生态系统保护和修复重大工程总体规划（2021—2035 年）》，遵循"坚持保护优先，自然恢复为主"的基本原则，综合考虑生态屏障功能关键区、生态问题突出区域、气候变化的影响和未来生态风险的整合研究；根据各重点区域的自然生态状况、主

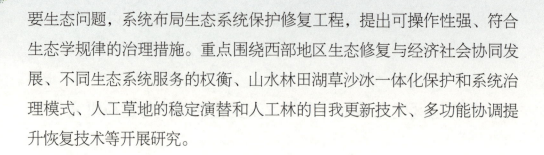

要生态问题，系统布局生态系统保护修复工程，提出可操作性强、符合生态学规律的治理措施。重点围绕西部地区生态修复与经济社会协同发展、不同生态系统服务的权衡、山水林田湖草沙冰一体化保护和系统治理模式、人工草地的稳定演替和人工林的自我更新技术、多功能协调提升恢复技术等开展研究。

五、西部地区生态系统固碳增汇技术研究

该研究对于落实"绿水青山就是金山银山"理念、"双碳"目标、《全国重要生态系统保护和修复重大工程总体规划（2021—2035年）》等具有重要意义。该研究将针对西部自然生态系统面积大、生态系统质量低、增汇潜力大的特点，重点研究西部森林、草地、湿地等生态系统的碳汇现状、生态系统固碳机制、固碳增汇技术、以增汇为目标的生态系统恢复与管理的模式，并开展示范等。

六、西部地区生态产品价值实现研究

生态资产与生态产品价值转化的政策机制、金融机制和关键技术，将推动生态效益转化为经济效益，造福西部人民。重点研究西部基于生态资源优势推进绿色发展的措施与政策。探索建立生态资产与生态产品总值核算机制，把生态效益纳入经济社会发展评价体系，实施GDP与生态系统生产总值（gross ecosystem production，GEP）双考核制度，引导各级政府加强生态保护工作，促进保护与发展协同，预防以牺牲生态环境为代价的经济发展模式。

第十三章 |

科技支撑西部气候
变化应对

全球气候系统是由大气圈、水圈、岩石圈、冰冻圈和生物圈构成的复杂有机整体。气候的形成和演变是全球气候系统运动和变化的结果。气候变化是全人类共同面临的重大挑战。

西部地区是我国的战略后方和气候变化的敏感区、脆弱区。已有的观测证据表明，过去几十年我国气温上升的幅度高于全球平均水平，尤其是我国西部地区；特别是青藏高原和内蒙古地区，其升温程度高于东部地区。同时，伴随着全球变暖，灾害性天气、气候事件发生频率更高，强度更大，特别是在一些人口相对密集的区域更为显著。因此，西部地区面临的气候变化风险更高。

第一节　西部气候变化应对的重要意义

我国西部地区地处欧亚大陆腹地，主要由干旱和半干旱区构成，是生态环境最脆弱的地区之一，在北半球气候环境系统中占有极为重要的地位。西部地区作为"丝绸之路经济带"和"中巴经济走廊"的核心区和关键区，是中国西部大开发的主战场和重要生态屏障区，其气候变化的影响不仅事关区域高质量发展大计，而且关乎"一带一路"倡议实施中的水资源、生态和环境等安全问题。[1]

以全球气候变暖为主要特征的显著变化已经并将继续对自然和人类系统产生广泛而深远的影响。国际科学界对气候变化已经发生和潜在的影响及各领域和区域的敏感性与脆弱性开展了客观且审慎的评估研究。研究表明，未来全球气候变化对世界上大部分区域的自然和人类系统的影响将进一步加剧。特别是如果气候变化速率超过了自然和人类系统的恢复能力，这些影响将表现得更为显著，甚至有些变化将是不可逆的。

通过降低暴露度、减小脆弱性等适应能力的提高可以降低风险。所有部门和区域都在适应规划和执行方面取得了一定的进展，产生了多重效益，但适应进展的分布并不均匀，存在适应差距。因此，不仅要优先考虑降低当下和近期的气候风险，还应注重转型适应的机会。

一、生态系统方面

受气候变化和人类活动的共同作用，植被覆盖、生产力、物候或优势物种群已经发生了变化，陆地生态系统的这些变化反过来也会对局地、区域甚至全球的气候产生影响。气候变化还改变了生态系统的干扰格局，并且这些干扰很可能已经超过了物种或生态系统自身的适应能力，从而导致生态系统的结构、组成和功能发生改变，增加了生态系统的脆弱性。气候变化加剧了对生物多样性的不利影响，较大幅度的气候变化会降低特殊物种的群体密度，或影响其存活能力，从而提高了其灭绝的风险。受气候变化的影响，世界各地树种死亡现象越来越普遍，影响到气候、生物多样性、木材生产、水质及经济活动等诸多方面，显著增加了当地的环境风险。旱地荒漠化的风险会因气候变化的幅度增大而增加。例如，在 SSP2（中间路径）情景下，在相比工业化前全球变暖 1.5℃、2℃和 3℃的情况下，生活在干旱地区并面临水资源短缺、生境退化等风险的人口预计将分别达到 9.51 亿、11.5 亿和 12.9 亿，而相应的脆弱人口分别达到 1.78 亿、2.2 亿和 2.77 亿。如全球变暖达 2℃时，在 SSP1（可持续路径）和 SSP3（区域竞争路径）情景下，生活在干旱地区的人口将分别达到 9.74 亿和 12.67 亿，而相应的脆弱人口分别为 0.35 亿和 5.22 亿。[2] 北极的多年冻土对气候变暖也异常敏感。当全球温升超过 2℃时，北极夏季多年冻土解冻范围将大大增加；当全球温升达到 3℃时，多年冻土有可能彻底崩溃、不可恢复，而且大量有机碳的排放会给全球气候系统带来致命性灾难。

二、水资源方面

人类活动引起的气候变化加剧了水文循环过程，这不仅影响了自然水资源的安全性，还进一步加剧了由其他社会经济因素引起的水资源脆弱性。目前，由于气候和非气候因素，约有 40 亿人每年至少有一个月经历严重缺水。自 20 世纪 50 年代以来，一方面，越来越多的人（约 7 亿人）正在经历更长的干旱期。另一方面，许多地区的强降水强度有所增加。生活在年最大单日降水量增加地区的人口（约 7.09 亿）远远多于年最大单日降水量减少地区的人口（约 8600 万）。自 20 世纪 70 年代以来，44% 的灾害事件都与洪水有关。自 20 世纪 50 年代以来 [3]，过去 100 多年，在人类活动和气候系统变化的共同影响下，中国主要江河的实测径流量整体呈减少态势。气候变化导致水循环过程加速，引起了水资源及其空间分布变化。在未来中等排放情景（RCP 4.5）下，中国水资源量总体减少 5% 以内。气候变化导致暴雨、强风暴潮、大范围干旱等极端气候事件发生的频次和强度增加，中国洪涝灾害的强度呈上升趋势。同时，气候变化将导致水资源需求进一步增加，中国水资源供给的压力也将进一步加大。

三、粮食方面

气候变化对全球大部分地区作物和其他粮食生产的负面影响比正面影响更为普遍，正面影响仅见于高纬度地区。越来越多的证据显示，在大多数情况下，二氧化碳对作物产量具有刺激作用，能够增加水分利用效率和产量；臭氧对作物产量具有负面作用，通过减少光合作用和破坏生理功能，导致作物发育不良，进而降低产量和品质，这包括改变碳含量和养分摄入量，以及谷物蛋白质含量下降。气候变化与二氧化碳浓度增高改变了重要农艺措施和入侵杂草的分布，同时增强了它们之间的竞争。二氧化碳浓度增高降低了除草剂的效果，并改变了病虫害的地理分布。气候变化对粮食安全的各个方面均有潜在的影响，包括粮食的可获取性、使用和价格的稳定性。气候变化可能推高粮食价格，这一点在发展中国家尤其值得关注。在农业生产中，纯粮食购买者尤其容易受到冲击。同样，那些依靠农业且作为粮食净出口国的低收入国家，由于本身粮食安全就不稳定，还面临着国内农业生产效益降低和全球粮价升高的双重影响，进一步加剧了粮食获取的难度。在未来几十年，气候变化对粮食产量的负面影响将进一步恶化，特别是在高排放情景下，与1980～2010年的产量相比，预计2070～2099年全球一些区域的玉米、小麦、水稻和大豆的平均产量将减少50%以上。其中，南美洲和撒哈拉以南非洲地区可能会出现严重的小麦短缺问题。在人口多、收入低和技术进步慢的社会经济发展路径下，当全球升温1.3～1.7℃时，粮食安全将从中等风险变为高风险；当全球升温2.0～2.7℃时，粮食安全将从高风险升到极高风险。[3]

四、能源方面

气候变化对能源系统（能源开发、输送、供应等）有着广泛而深刻的影响。随着全球变暖，冬季取暖能耗降低，而夏季制冷能耗会明显升高，这导致能源的总体需求呈现上升趋势。为了应对气候变化，可再生能源已成为能源发展转型的核心。但是，随着可再生能源在电力系统比例的提高，电力系统将越来越容易受到气候变化和极端气候事件的影响，电力系统的脆弱性和风险将大大增加。

气候变化对能源需求的影响主要体现在气温变化对电力需求的影响上。这是因为气温升高导致冬季更为舒适而夏季更为不适，进而使取暖需求降低而制冷需求增加。取暖和制冷大多由电力支撑，因此气温是影响电力消费的主要气象因子。较高的城市温度对居民和家庭造成不平等的经济压力，因为在夏季公共设施的电力需求较高。在经历持续的全球尺度气候变化和城市化的地区，虽然在寒冷气候条件下城市取暖的电力需求会减少，但总体而言能源需求预计会增加。

随着社会经济的进步和人民物质生活水平的提高，大量制冷设备（空调、电风扇、冰箱和冰柜等）进入居民的生产和生活中。在过去的10年中，中国城市降温和供暖已成为用电量增长的主要驱动力之一。预计到2050年，中国、印度和印度尼西亚空调增加量将占世界总增量的一半。因此，了解中国城市未来电力消耗的驱动因素，并预测未来电力消耗总量特别是电力峰值，对未来电力管理和保障用电具有重大的意义。

对于新能源，气候变化导致的风能和太阳能在不同时间尺度上的波动对电力供应有潜在影响，需要储备其他能源以应对风能、太阳能同时供应不足的极端情况。极端气候事件还会引起风电和光电供应急剧变化，从而威胁到电网的安全运行，因此需要加强对电网安全的气候风险评估和预估。

中国的风、光、水能大型基地主要分布在"三北"地区和西南地区，高比例可再生能源主要依靠西部水电、西部和北部超大规模的太阳能电站、北部和西北部大规模风电来实现。因此，未来的输电格局将进一步强化目前的"北电南送""西电东送"的格局。西部送端地区通过特高压直流和交流输电网将西部和北部的风电、光电，以及西南水电远距离送往华北、华中、华东和珠三角等负荷中心。

极端气候事件，如台风、雨雪冰冻等，可能损坏各类电压等级的输配电网，造成停电事故。极端高温和极端低温增加用电负荷，各类极端天气可能影响可再生能源发电效率，增加电力系统调配难度，加大电力系统脆弱性。

五、基础设施和重大工程方面

当前的气候变化已经对世界各地的基础设施系统和重大工程产生了显著影响。气候变化引起的水资源分配时空不均匀性、生态环境改变，对重大水利工程产生了重要影响。气候变化引起的长江上游径流的丰枯变化和强降水事件发生频率的增加可能影响三峡工程的安全运行。气候变化可能加剧水资源分配时空不均匀性，对"南水北调"中线水源区水量产生不利影响；气候变化影响下，西线调水区生态与环境面临严重风险；调水工程产生的能源效益对于减缓气候变化有重要意义，调水可能增加沿线湖泊的洪涝风险。长江口深水航道维护态势总体可控，且趋向于好；长江入海流量总体呈减少趋势；长江口生态环境脆弱性最高，生态环境脆弱性从口门内向口门外呈显著的降低趋势，近几年长江口海域生态环境脆弱性明显好转。

冻土退化诱发了大量的冻融灾害，对冻土工程产生了较大的影响。目前，青藏公路沿线多年冻土融化诱发的热融边坡灾害主要集中在五道梁到风火山区的高含冰量冻土区，气候和工程热扰动导致青藏铁路路桥过渡段发生了显著的沉降变形。工程技术措施中采用的块石结构路基可以适应未来气温升高 2.0℃所带来的影响。《第四次气候变化国家评估报告》指出，气候变化引起的次生地质灾害等可能引起油气管线的安全隐患。我国实施了大量的生态修复工程，这些工程不仅取得了显著的生态、经济和社会效益，也在一定程度上减少了气候变化带来的负面影响。自2000 年以来，北方降水增多使得"三北"防护林地区的植被生态质量持续提高，同时北方草原生态恶化的局面有所改变。预计这一趋势将在未来30～60年得到延续，这有利于巩固和扩大"三北"防护林和草原生态建设的成果，并缩短生态恢复所需的时间。但气候增暖会增加森林和草原火灾及病虫害的发生范围和频率。在三江源地区，生态保护和建设一期工程实施前（1975～2004年）的气候呈现出暖干化的趋势，而在工程期（2005～2012年），气候明显转变为暖湿化的趋势。工程期的气温变暖导致植被返青期提前、冰川冻土融水增多，同时降水增加，对植被生长起到了促进作用，使得荒漠化进程减缓，荒漠面积减少，水体面积增加，十分有利于区域生态的恢复。与工程实施前相比，工程期草地的产草量提高了30.31%。同时，许多重要的经济部门缺乏适应能力，而且提高适应能力的资源和能力支持水平低。最近的研究还说明了基础设施系统具有的相互联系和相互依存性质，这意味着一个部门面临的风险可能引发其他部门的连锁反应、复合影响或不确定性的连锁效应。

第二节　西部气候变化应对取得的成就

近年来，我国高度重视科技支撑气候变化应对，中央及各级地方政府制定并实施了一系列科技支撑应对气候变化的战略、措施和行动，并取得了积极成效，有力地推动了我国西部生态文明的建设。

一、布局气候变化相关重大科技专项，科技支撑能力得到提升

国家自然科学基金委员会先后部署中国西部环境和生态科学、西部能源利用及其环境保护的若干关键问题、青藏高原地－气耦合系统变化

及其全球气候效应等多个重大研究计划，有力地推进了西部地区生态环境相关问题的研究，支撑了西部生态文明建设。"十三五"期间，科技部进一步推动实施了第二次青藏高原综合科学考察、"全球变化及应对"重点专项等多项科研任务，加强了气候变化及应对领域的科研力量和科技能力建设。"十四五"期间，进一步推进西部与东部科技合作，组织全国气候变化应对优势科研力量，构建西部碳储量评估与碳中和监测体系，实施北方防沙带生态保护和修复工程、"三北"防护林工程、退化草原修复技术集成与示范，发挥三江源国家公园示范引领作用，科技支撑我国西部生态屏障建设。西部地区各级政府（部门）积极探索低碳转型路径，推进西部地区绿色发展，提高西部地区气候变化适应能力。

二、积极开展气候变化国际合作，协同创新能力持续加强

部分地方政府设立气候变化应对及低碳发展专项资金，积极培养并引进领域关键技术人才，持续推进西部大开发进程，积极参与和融入"一带一路"建设，构建西部多层次开放平台，开展青藏高原、西北农牧交错带、西南石漠化地区、长江和黄河流域等生态脆弱区气候适应工作，协同提高气候变化应对能力。

三、依托国家战略科技力量开展前瞻部署，奠定良好发展基础

依托中国科学院在西部地区的科研机构，如西北生态环境资源研究院、新疆生态与地理研究所、地球环境研究所等，以及冰冻圈科学与冻土工程重点实验室、环境地球化学国家重点实验室等，开展与气候变化相关的研究部署。

第三节　西部气候变化应对面临的挑战

自 20 世纪 60 年代以来，中国的平均升温速率明显高于同期全球平均水平，特别是西部地区，升温速率又高于中国平均水平。气候变暖导致的水循环增强也对西部生态屏障区的干湿变化有显著影响。

一、青藏高原及西北地区呈现暖湿化趋势，而西南地区干旱加剧，黄土高原呈现暖干化趋势

自 20 世纪 60 年代以来，青藏高原地区的径流呈上升趋势，而西北地区的径流则有所下降。在黄土高原地区，径流减少，同时极端水文事件的频率增加。青藏高原作为"亚洲水塔"，在未来可能存在失衡的风险，这将严重威胁下游地区供水的安全。尽管未来西北地区径流量有所增加，但灌溉、工业及生态需水也将同步增加，导致水资源短缺问题进一步加剧。在未来 30 年，黄河流域的中等干旱状况预计将有所缓解，但极端干旱事件发生的频率有可能增加；同时，西南地区的洪水风险预计将上升，干旱现象也将更为常见。

二、气候变暖背景下中国西部的冰冻圈不断萎缩

近几十年来，中国西部冰川退缩，冰川内部结构稳定性显著降低。多年冻土厚度减薄，季节性冻土的最大冻结深度减小，冻结时间缩短。青藏高原积雪自 1980 年以来呈现先增后减的趋势（以 20 世纪 90 年代末

为转折点）。到 21 世纪末，青藏高原及周边地区冰川的冰储量将持续减少；冻土将延续当前的变化趋势，但有较大的不确定性；喜马拉雅山脉低海拔地区雪深或积雪量将减少，而高海拔区域的减少幅度相对较小。

自 20 世纪 80 年代以来，西部生态屏障的植被覆盖呈现上升趋势，净初级生产力增加，生态环境趋于改善，但生物多样性在减弱。近些年，人工林和幼龄林的增多在一定程度上使得碳储量呈现升高趋势。未来，青藏高原生态系统的斑块连通性和生态多样性预计呈减少趋势，而黄土高原的灌木和禾草比例预计将增加，荒漠地区的 C4 禾草优势度也将增加。到 2050 年，西部地区的生态系统净初级生产力将以增加为主。到 2080 年，青藏高原和西北干旱区生态系统的脆弱程度将有所减轻。

三、极端气候事件及关联灾害将更频繁地威胁人身安全

气候变暖对西部地区农业的影响是利弊共存的。有利的是使西部农业生产中的热量限制程度减弱，不利的是加大了农业生产的气候风险。未来的气候变化将导致西部地区的风能资源整体呈下降趋势，且年际振荡更加剧烈，对太阳能资源的影响也以不利为主。气候变化还将影响居民的旅游意愿，并导致自然物候、气象景观和历史文化遗产等旅游资源的改变。

第四节　西部气候变化应对的关键性科技任务

西部气候变化要在厘清全球变暖背景下西部地区气候与环境变化的关键过程与机制的基础上，科学评估气候变化对西部地区极端天气、气

候及衍生灾害、水资源、冰冻圈和生态系统等影响及风险，形成体系化的适应性对策和管理技术。具体开展以下研究。

一、全球变暖背景下西部气候与环境变化的关键过程与机制

西部气候变化的关键过程与驱动力研究，包括次季节—季节—年际—年代际—长期趋势的多时间尺度气候变化事实、多圈层相互作用和复杂地形等对气候变化的影响与机理、人类活动和自然外强迫对气候的影响与相对贡献等。西部气候变化的精细化预估，包括气候变化年代际预测（近期气候变化预估）新理论与方法、约束长期气候变化预估不确定性的新方法、西部地区气候未来变化的精细化预估。西部区域环境对气候变化的响应机制研究，包括气候变化对区域水文生态环境影响的检测归因、气候和极端气候变化对区域水文生态环境的影响及机理。

二、气候变化对西部地区极端气候事件的影响及应对

气候变化对我国西部极端气候事件的影响及机理研究，包括查明我国西部地区极端气候事件的主要类型及时空特征，深刻理解气候变化对极端气候事件发生、发展过程的影响及机理，在历史归因基础上科学预估极端气候事件未来变化趋势。全球变暖背景下，我国西部极端气候事件风险评估研究，包括系统评估我国西部极端气候事件对区域农牧林业、旅游业、交通运输业、重大基础工程、居民健康等社会经济和生态环境的影响、可能带来的风险与不确定性。全球变暖背景下，我国西部极端气候事件应对研究，包括借助历史大数据推演和建模、数值模拟和人工智能等技术和方法，构建极端气候事件预报预测系统，完善极端气候事件灾害预报预警体系，加强灾害信息共享；发展全方位、一体化的重大

极端气候事件灾害高效智能处理体系，实现综合应急减灾管理，为西部地区应对气候变化与极端气候事件提供科技保障。

三、气候变化背景下西部地区气象及衍生灾害的风险评估与适应

开展西部地区气象及衍生灾害事件辨识和演化机制、气象链式演进致灾过程（干旱—农作物病虫害、暴雨/融雪—洪水—地质灾害、雪灾—低温冷害、大风—沙尘暴等）模型构建，以及气象及衍生灾害的级联传导过程和趋势预估研究。研究共享社会经济路径下2025～2100年西部典型地区高分辨率（1000米）人口经济数据库构建，气象及衍生灾害的承灾体暴露度指标体系和脆弱性评估模型研发，动态暴露度和脆弱性的多尺度精细化气象链式灾害综合风险评估技术体系构建。重点关注气象及衍生灾害场景推演与风险评估示范研究，以及西部气象及衍生灾害综合风险评估与防范适应业务平台构建。

四、气候变化对西部地区水资源的影响及适应

开展气候变化对我国西部水资源变化的影响机理研究，包括认清我国西部水资源变化事实，辨识气候变化对西部水循环过程的影响及机理，科学预估未来水资源演变格局。全球变暖背景下，我国西部水资源变化应对关键技术研究，包括综合评估我国西部水资源承载力，统筹考虑气候变化带来的区域水资源配置新特点；加强农业基础设施建设，优化农林业种植技术，科学规划管理牧业，全面提升我国西部农、牧、林三产业应对水资源变化能力。全球变暖背景下，我国西部水资源管理与调控研究，包括加强我国西部水资源管理体系，在全球变暖背景下科学合理配置水资源，发展水资源高效利用技术、污水处理技术、废水再生利用

技术等；防范气候变化风险，科学布局重大水利工程，提高西部水环境质量，全面实现西部水系统健康循环与智能化管理与调控，为气候变化背景下区域经济可持续发展提供水资源安全保障。

五、气候变化对西部地区冰冻圈的影响及风险评估与管理

开展气候变化对我国西部冰冻圈变化的影响研究，包括查明气候变化背景下我国西部冰冻圈变化事实，揭示气候变化对亚洲高山地区冰川、青藏高原冻土和地下冰、我国西部高山积雪变化的影响及机理，科学预估我国西部冰冻圈未来演变格局。全球变暖背景下，我国西部冰冻圈灾害风险评估与管理技术研究，包括系统评估全球变暖背景下我国西部冰冻圈变化对生态系统、水资源、基础设施、西部重大工程的潜在影响及灾害风险，加强青藏高原多年冻土碳研究和雪灾综合风险管理，提升我国在山地冰川极端灾害（如冰湖溃决洪水、冰崩等）方面的预警能力，提升农、林、牧业对冰冻圈灾害风险的应对能力。全球变暖背景下，青藏高原多年冻土变化对碳循环的影响研究，包括构建青藏高原多年冻土区土壤有机碳数据库，分析多年冻土碳分布格局、演化规律及其关键驱动因子；定量评估气候变化背景下青藏高原多年冻土退化引起的土壤有机碳长期动态变化及其对该地区乃至整个中国陆地生态系统碳收支平衡的影响。

六、气候变化对西部地区生态系统的影响机制及适应管理技术

开展我国西部地区气候变化与生态系统耦合机理研究，包括研究西部生态系统脆弱性，阐明生态系统退化过程与驱动机理，解析西部生态系统与气候系统的耦合机制，明晰西部生物多样性对气候变化的响应机

理，研发气候与西部生态系统相互作用的双向耦合过程模拟技术。我国西部生态系统适应气候变化的管理技术研发，包括构建我国西部生态系统固碳、水源涵养、水土保持、防风固沙等服务功能的动态监测和验证体系，揭示西部生态系统碳、氮、水循环对生态系统服务功能的调控机理；建立气候变化背景下西部生态损害评估体系，结合资源利用、生态与环境建设重大工程等多因素设立生态系统承载力评估标准，健全生态安全风险监测和预警体系；加强生态系统恢复保护与建设利用，全面提升重要生态功能区防沙治沙工程、水土流失治理工程等生态系统修复和功能提升关键技术，评估生态系统适应气候变化的管理措施及潜在风险，研发适应新技术。

本章参考文献

[1] 丁一汇，柳艳菊，徐影，等．全球气候变化的区域响应：中国西北地区气候"暖湿化"趋势、成因及预估研究进展与展望．地球科学进展，2023，38（6）：551-562.

[2] IPCC. Climate Change and Land: An IPCC Special Report on Climate Change，Desertification，Land Degradation，Sustainable Land Management，Food Security，and Greenhouse Gas Fluxes in Terrestrial Ecosystems. Cambridge，New York，2019.

[3] IPCC. Climate Change 2021: The Physical Science Basis. Contribution of Working Group I to the Sixth Assessment Report of the Intergovernmental Panel on Climate Change. Cambridge，New York，2021.

第十四章

科技支撑西部生物多样性保护

"'生物多样性'是生物（动物、植物、微生物）与环境形成的生态复合体及与此相关的各种生态过程的总和，包括生态系统、物种和基因三个层次。生物多样性关系人类福祉，是人类赖以生存和发展的重要基础。人类必须尊重自然、顺应自然、保护自然，加大生物多样性保护力度，促进人与自然和谐共生。"[1]

中国是生物多样性大国。我国"山川湖海，林田草沙"兼备，是全球生物多样性最丰富的国家之一，其中，西部地区是我国生物多样性的关键区域。然而，随着气候变化和人类活动影响，西部生物多样性面临着前所未有的挑战。气候变化带来的极端天气、干旱、洪水等自然灾害对生物多样性造成了巨大的威胁，过度开发、环境污染、生态破坏等人为因素导致许多生态系统受到严重破坏，许多物种濒临灭绝。在这样的背景下，科技支撑西部生物多样性保护显得尤为重要。

第一节　西部生物多样性保护的重要意义

西部地区是我国生物多样性的重点分布区域。全球 36 个生物多样性热点地区，分布于我国的 4 个全部位于西部。西部地区以其复杂多样的生态系统类型和丰富的动植物资源条件，造就了生态系统多样性、物种多样性和遗传多样性，成为我国乃至全球生物多样性的重要宝库。

西部地区拥有丰富多样的生态系统类型。中国拥有全球 28 类陆地生态系统类型，除缺少热带湿润森林生态系统外，其余 27 类生态系统在西部地区均有分布。[2] 其中，森林生态系统从北至南囊括寒温带针叶林、温带针阔叶混交林、暖温带落叶阔叶林、亚热带常绿阔叶林、热带季雨林和雨林。天然草地系统包括温带草地、高寒草地、荒漠草地和西南草地，主要分布在青藏高原、内蒙古高原、黄土高原及新疆等地。其中，覆盖度较高的草地主要分布于青藏高原和内蒙古高原东部水分条件较好的地区。相较于我国其他地区，西部农田生态系统总体表现为面积大、质量较差的特征。西部湿地生态系统中分布最广的为沼泽湿地，包括草本沼泽、森林沼泽、灌丛沼泽、红树沼泽、海草群落、盐碱沼泽等多个种类。

西部地区的物种多样性与遗传多样性在全国占据重要地位，主要体现在植物和动物两方面。在植物方面，种类异常丰富。例如，仅苔藓这一物种就接近全国种类的一半；蕨类植物仅云南就超过 1500 种；贵州药用植物超过 7000 种 [3]，云南药用植物超过 6000 种 [4]，四川药用植物超过 4600 种 [5]，三省分列全国药用植物资源前三位置，新疆、重庆、广西等省（自治区、直辖市）也都分别超过 2000 种。可以说，西部地区植物种类几乎占据全国植物种类的"半壁江山"。在动物方面，物种多样性表现为哺乳动物和两栖动物超过全国的 1/2，爬行动物约为 1/3，动物特有种占全国特有种数的 50%～80%。特别值得一提的是，云南的鸟类物种占全球鸟类总数的 9% 左右，该地区是全球鸟类物种的起源和分化中心之一，充分展现了其生物多样性的丰富性。[2]

有效地保护生物多样性，实现地区经济社会的可持续发展，始终是西部生物多样性保护面临的一项艰巨任务。一方面，西部生态屏障生态系统脆弱，自然本底状况较差，容易受人类活动、气候变化等因素威胁；另一方面，近年来的气候暖湿化、"亚洲水塔"失衡、北方防沙带变化等都将对西部生物多样性保护形成干扰。因此，保护好西部生物多样性对于构筑国家生态安全屏障，以及中华民族可持续发展和长治久安具有极其重要的战略意义。

第二节　西部生物多样性保护取得的成就

我国高度重视生态保护，相继开展了"三北"防护林、天然林资源保护、退耕还林还草等一系列重大生态工程，推进了以国家公园为主体的自然保护地体系和以国家植物园体系为引领的植物迁地保护网络建设。这些措施初步构筑了生态屏障格局，使西部生物多样性保护取得了变革性转变，西部生态环境质量总体持续向好，并在全球生物多样性危机治理过程中贡献了中国的积极力量。

近年来，我国相继出台了《关于进一步加强生物多样性保护的意见》《中共中央　国务院关于全面推进美丽中国建设的意见》《关于加强生态环境分区管控的意见》等一系列指导意见，发布了《中国生物多样性保护战略与行动计划（2023—2030年）》，在政策法规、就地保护、迁地保护、生态保护修复、监督执法、国际履约合作等方面取得了重要成就。在科研任务布局方面，国家科技部门组织实施了"典型脆弱生态修复与保护研究"重点专项，以及国家科技基础资源调查专项"蒙古高原（跨界）生物多样性综合考察""中国西南地区极小种群野生植物调查与种质保存""中国荒漠主要植物群落调查""中国南方草地牧草资源调查""中国南北过渡带综合科学考察""中蒙俄国际经济走廊多学科联合考察"等；并组织开展了全国重要区域、重点物种和遗传资源调查、观测与评估等项目。在平台建设方面，国家建立了包括中国生物多样性观测网络（China Biodiversity Observation Network，China BON）等在内的多个生物多样性监测网络，形成了"国家生态科学数据中心"等20个国家科学数据中心和"国家重要野生植物种质资源库"等30个国家生物种质与实验材料资源库。在国际合作领域，西部生态屏障建设相关的科研院所针对

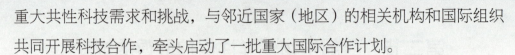

重大共性科技需求和挑战，与邻近国家（地区）的相关机构和国际组织共同开展科技合作，牵头启动了一批重大国际合作计划。

经过多年努力，我国在生物多样性保护方面取得了显著成效。

一、生物多样性调查和编目成效显著，为西部生态屏障建设奠定了坚实基础

从 20 世纪 50～60 年代起，我国先后组织了青藏高原综合科学考察、横断山脉考察等 40 多次自然资源综合科学考察。在此基础上，编撰完成了《中国植物志》《中国孢子植物志》《中国化石植物志》《中国海洋生物图集》和部分《中国动物志》等全国性志书，以及以《云南植物志》等为代表的一大批区域动植物志，基本摸清了部分区域生物资源的家底。自 2008 年起，我国科学家每年发布《中国生物物种名录》，我国标本馆的数字化建设也在大力推进，成立了国家标本资源共享平台，形成了植物科学数据中心和动物主题数据库等数据库网络，这为西部生态屏障建设提供了强大的科学数据支撑。

二、生物多样性科学理论和关键技术研究取得了重要进展，有效支撑了西部生态屏障建设

自 20 世纪 90 年代开始，我国科学家基于调查和监测结果，开展了国家物种受威胁状况评估，先后出版了《中国植物红皮书》《中国濒危动物红皮书》《中国物种红色名录》《中国生物多样性红色名录》等评估报告，为物种保护决策提供了科技支撑。此外，我国科学家在青藏高原、横断山脉、喜马拉雅地区和黄土高原等区域的生物多样性的起源、演化与维持机制、生态系统服务与功能、物种及生态系统响应全球气候变化机制、

物种濒危机制等保护生物学领域取得了重要进展，解决了生物多样性保护的科学机理或关键技术问题，为生物多样性及濒危物种保护相关决策提供了强有力的科技支撑。

三、相关平台建设有效支撑了国家就地保护和迁地保护网络

我国相继建立的中国生态系统研究网络、中国生物多样性观测网络和中国生物多样性监测与研究网络（Sino BON）等多个生物多样性和生态系统监测网络，为自然保护地建设和保护效果的评估提供了强大的数据支撑，也有效支持了以国家公园为主体的自然保护地体系建设。截至2018年底，我国各类自然保护地总数量已达1.18万个，面积超过172.8万平方公里，占陆域国土面积18%以上；其中自然保护区占国土面积15%，并已形成多层级、多类型的自然保护地体系。[6]

此外，我国已建立植物园（树木园）近200个、动物园（动物展区）240多个、野生动物救护繁育基地250处[6]，包括100多家成员单位的植物园联盟，以及世界第二、亚洲最大的野生生物种质资源库——中国西南野生生物种质资源库，它们在植物迁地保护方面发挥着重要作用。尤其是2022年成立的国家植物园，将有效支撑国家迁地保护网络建设，并与以国家公园为主体的自然保护地体系建设相结合，为国家生物多样性保护提供了重要保障。

第三节　西部生物多样性保护面临的挑战

尽管西部生物多样性保护取得了一系列成就，但西部生物多样性保

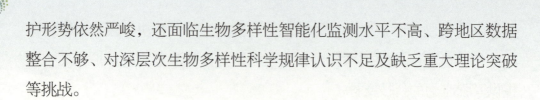

护形势依然严峻，还面临生物多样性智能化监测水平不高、跨地区数据整合不够、对深层次生物多样性科学规律认识不足及缺乏重大理论突破等挑战。

一、生物多样性调查监测智能化水平不高，新技术集成不够

目前，尽管我国已经开展了广泛的生物多样性调查，并建立了多个生物多样性监测网络，但监测的智能化水平较低，网格化水平不够，信息化程度和数据更新频率也较低。传统的地面和人工监测手段仍然占主导地位，而且在一些研究薄弱和空白区域，尤其是中印边境地区，问题更加突出。多尺度遥感、无人机、人工智能、物联网、环境 DNA 等新技术集成融合应用尚处于初级阶段，数字监测技术迭代及应用相对滞缓，多源异构数据同化能力不足，影响了科学决策和有效管理。

二、遗传多样性调查研究严重不足，制约了我国遗传资源的有效保护和利用

"昆蒙框架"首次设定了至少 90% 的遗传多样性必须得到保持，也首次将遗传资源数字序列纳入惠益分享，这显示出国际社会对于遗传多样性和遗传资源的高度关注。2022 年，为拯救濒危物种，中国科学家首次提出了保存濒危野生动植物种完整基因组（T2T 基因组）的"数字诺亚方舟"倡议，是对"昆蒙框架"的积极响应。然而，我国遗传多样性调查研究仍然不足。据初步统计，我国仅对 10% 的陆生脊椎动物物种进行了遗传多样性相关研究 [7]，水生物种和无脊椎动物研究比例更低。这严重影响了我国遗传资源的有效保护和深度挖掘，以及野生生物资源的可持续利用和生物多样性科学的发展。

三、深层次生物多样性科学规律的认识不足，缺乏重大理论突破

尽管我国是生物多样性超级大国，但生物多样性重大理论前沿问题的研究水平与大国地位不符，缺乏原创性重大理论突破。对于生物多样性维持与演变规律，如"我国生物多样性格局是如何形成的？""为什么西南山地和青藏高原会有如此丰富的物种多样性？"等深层次科学认识不足。此外，在国际进化生物学和保护生物学的前沿热点问题上，也缺乏问题理论性突破。

四、跨境生物多样性保护多边合作体系不完善、机制不健全

目前，云贵川渝、青藏高原和内蒙古高原等边境地区的生物多样性监测有待加强，区域性国际合作与跨境保护机制需要进一步推进，生物多样性监测与保护、资源收集与利用、外来物种入侵的监测与预警等领域的合作需要持续支持，在国际资源获取、信息资源挖掘、知识产权保护、国际参与度及资源高效利用等方面的能力还有待进一步提高。

五、部分区域迁地保护体系未覆盖

我国在植物资源的收集保藏和迁地保护方面起步较晚，植物园布局缺乏整体设计与协调，整体功能设计和协调性不高。一些地区的植物迁地保护仍未得到覆盖。例如，青藏高原目前缺少植物迁地保护机构，仅有少数几个植物园具备了迁地保护、科学研究、资源利用、科普宣教、园林园艺展示等基本功能，位于川西平原向青藏高原过渡地带的中国科学院植物研究所华西亚高山植物园是其中的典型代表。而

作为青藏高原主要组成部分的青海省和西藏自治区所属的植物园目前主要以游览、观赏类型为主，缺少植物园迁地保护和科学研究等基本功能。2023 年 9 月 21 日，《国家植物园体系布局方案》印发，西宁植物园和林芝植物园被正式列入国家植物园候选园名单，并明确其核心价值。黄土高原植物园中迁地或近地保护点数量较少，兰州植物园等也尚未形成完善的迁地保护规划与措施，这导致黄土高原北部物种的迁地保护不足。

六、部分类群调查监测缺乏，外来入侵物种风险防控有待加强

目前，西部生物多样性保护和监测侧重于动物和植物，真菌多样性保护工作起步较晚。分布于内蒙古的 1966 种中大型真菌中，有 3 种濒危物种和 9 种易危物种[8]，但针对这些真菌的保护工作十分有限，保护行动也缺乏系统性指导。此外，在西部生态屏障区，外来入侵物种的监测和防控也有待加强，特别是边境区域入侵物种的监测和预警工作。

七、研究平台和人才队伍相对薄弱，尤其年轻一代战略科学家稀缺

与生物多样性相关的基础学科，如生物分类、生物地理等，与其他学科领域相比，在资源争取、成果评价及人才集聚等都处于边缘位置。西部生态屏障多位于欠发达地区，受限于区域发展和工作环境，吸引和稳定人才的条件仍有不足。此外，能够运用新技术，实现学科交叉的青年科技人才和战略科学家极为稀缺，生物分类学等基础学科面临人才断层问题，有些类群的研究人员甚至处于后继乏人的状态。

第四节　西部生物多样性保护的科技需求与关键性科技任务

一、西部生物多样性保护的多重需求

进入新时期，西部生态屏障建设需要更好地发挥科技支撑作用，加强生物多样性保护基础研究、评估监测、有效保护和可持续利用。一是保护绿水青山和创造金山银山双重任务迫切需要更有力的科技支撑。需要加强大规模的生物多样性调查、监测及评估工作，积极推进生态监测体系建设，尽快完成生物多样性本底调查和生态系统服务价值评估，建立完善的生态补偿制度，协调好生态屏障保护与经济社会发展的关系。二是需要科技支撑来实现上下同步生物多样性保护，加强多层次保护体系建设。推动西部生态屏障跨境研究与保护国际合作机制，注重保护生态屏障区生态系统的完整性和原真性。对一些重点生态功能区（优先保护区、热点地区、物种重要分布区等），保护工作需要理论和政策同步实施，并以科学的生物多样性数据为支撑。此外，亟须发现和利用新的生物资源，研发资源可持续利用的技术方法，合理利用土地资源，建立区域资源可持持续利用和环境友好的生态发展模式，以确保生态屏障的稳定和安全。三是需要加强物种濒危机制、自然种群恢复和迁地保护理论与技术的科学支撑。随着我国确立应对气候变化和实现"双碳"目标，西部生态屏障传统能源的开发与新能源基地的建设，对当地生态环境和生物多样性保护造成越来越大的压力。此外，以国家公园为主体的自然保护地体系建设和以国家植物园为引领的迁地保护体系建设，对部分理

227

论和关键科学技术提出了更高的要求，需要提升物种濒危机制、自然种群恢复和迁地保护理论与技术。

二、西部生物多样性保护的关键性科技任务

针对新形势下的西部生物多样性保护新需求，主要聚焦开展西部生物多样性新技术集成攻关，全国野生生物遗传多样性调查和研究，多层次、多维度、多学科交叉的生物多样性系统研究，跨境生物多样性保护战略合作网络建设，加强生物多样性研究人才队伍建设，西部地区生物多样性保护基础设施建设等关键性科技任务。

（一）西部生物多样性新技术集成攻关

开展基于人工智能、远程探测、组学技术和大数据探索的生物多样性新技术集成攻关，研发全天候、高分辨率生物多样性调查卫星，低成本、长续航、高智能生物多样性监测无人机，以及以非损伤性、高效环境 DNA 采集等高新技术为代表的空天地海生物多样性人工智能探测系统。同时，结合新一代人工智能+生物技术和大数据探索，构建"人工智能生物多样性保护监测和决策平台"，以服务于我国生物多样性研究、保护和精准管控。

（二）全国野生生物遗传多样性调查和研究

布局和加强种质资源保藏、种群恢复和回归示范，以及外来入侵物种预警及防控等关键技术的研发。基于新一代生物学技术的研究平台，充分挖掘生物遗传资源在解决粮食安全、生命健康和环境问题等方面的重要潜力，大力发展特色生态优势产业。充分挖掘遗传资源，实施"濒危野生物种数字诺亚方舟国际大科学计划"，与国际知名科研机构和领域

著名科学家合作，建立国际科学联盟，为濒危物种的保护，特别是灭绝动物的复活提供契机。

（三）多层次、多维度、多学科交叉的生物多样性系统研究

实施"生物多样性保护与治理科技支撑重大专项"，统筹遗传多样性、物种多样性和生态系统多样性三个层次，整合考虑生物多样性保护、气候变化和国土空间规划，全面推进生物多样性保护系统研究。面向重大科学前沿，提出具有中国特色的生物多样性保护科学理论，搭建技术创新研究平台，加强学科交叉和联合攻关。开展生物多样性形成与维持机制、物种适应演化和濒危机制等基础理论研究，以实现重大突破。在全球范围开展大空间、大尺度的科学观测与研究，不断拓展国际合作网络，为全球生物多样性保护贡献中国智慧，提供中国方案。

（四）跨境生物多样性保护战略合作网络建设

以"一带一路"倡议为契机，通过政府间长效合作机制，完善生物多样性保护国际合作体系，促进国内和国际深度开放合作。加快与周边国家和地区建设跨境生物多样性保护联盟，培养跨境生物多样性保护和管理人才，进一步推进和加强实验室和野外台站共建及资源共享，实现区域生物多样性保护的一体化。

（五）加强生物多样性研究人才队伍建设

加大生物多样性调查和分类学研究人才的支持和政策引导，稳定生物多样性研究和保护的研究与管理队伍，培养生物多样性信息化专业人才，提升人工智能技术和大数据在生物多样性研究和保护的服务能力。加强人才队伍建设，重视本土人才的培养，制定适合西部的人才政策，构建合理的生物多样性研究、保护和管理的人才结构体系和梯队。

（六）西部地区生物多样性保护基础设施建设

加大先进的实验仪器设备、分析测试、数据分析平台等基础设施的购置，大幅改善和提升科研支撑能力。新增布局 5～10 个生物多样性监测的野外台站，提升和完善大数据平台，扩容天然化合物库、DNA 库、标本馆（库）等研究平台；建立国家重点野生动植物基因保存设施，建设野生动植物科研监测体系及野生动植物基础数据库等。同时，加强迁地保护、国家植物园体系的建设，特别是专类植物园、野生动物繁育基地等，以提升迁地保护的质量和保藏能力等。建设喀斯特生态系统野外平台，克服喀斯特生态系统复杂性、长周期性等困难，解决单一站无法揭示的区域表层地球系统科学规律。

本章参考文献

[1] 中华人民共和国中央人民政府 . 中国的生物多样性保护 . https://www.gov.cn/zhengce/2021-10/08/content_5641289.htm[2021-10-08].

[2] 刘纪远，岳天祥，鞠洪波，等 . 中国西部生态系统综合评估 . 北京：气象出版社，2006：37.

[3] 杜高富 . 苗药资源九成以上在贵州 . 贵州日报，2023-05-30（4）.

[4] 拟用 3 年至 5 年培育推出"十大云药"云南精耕道地中药材 . https://www.yn.gov.cn/ztgg/jjdytpgjz/ynjy/202008/t20200806_208451.html[2020-08-06].

[5] 四川省林业和草原局 . 生物资源 . http://lcj.sc.gov.cn/scslyt/jbqk/2020/5/22/7928ed8b4b114a829ece2cad6b769c1a.shtml[2020-05-22].

[6] 魏辅文，平晓鸽，胡义波，等 . 中国生物多样性保护取得的主要成绩、面临的挑战与对策建议 . 中国科学院院刊，2021，36（4）：375-383.

[7] 吴政浩，丁志锋，周智鑫，等 . 中国陆生脊椎动物野外调查的发展现状与文献分析 . 生物多样性，2023，31（3）：202-219.

[8] 刘哲荣 . 内蒙古珍稀濒危植物资源及其优先保护研究 . 内蒙古农业大学博士学位论文，2017.

第十五章

科技支撑西部环境污染防治

环境污染防治是为达到区域环境质量控制目标，对各种污染控制方案的技术可行性、经济合理性、区域适应性和实施可能性等进行最优化选择和评价，从而得出最优的控制技术方案和工程措施，以达到保护和提高环境质量的目的。基本思想是将环境作为一个有机整体，根据当地的自然条件，按照污染物的产生、变迁和归宿的各个环节，采取法律、行政、经济和工程技术相结合的综合措施，以期最大限度地合理利用资源，减少污染物的产生和排放，用最经济的方法获取最佳的防治效果。[1]

作为我国主要的江河发源地，资源、能源集中分布区，西部地区是全国的生态安全屏障。但同时，由于自然条件相对恶劣，加之人为破坏严重，西部地区也已经成为我国生态环境最脆弱的地区。首先，西部地区中心城市和工矿区的环境污染较重。虽然西部地区整体污染物排放总量较小，但部分中心城市和工矿区由于工业发展，大气、水体和土壤污染较为严重。其次，区域经济发展带来的污染转移风险。随着东部地区产业转型升级，一些落后产能可能向西部转移，存在"污染转移"的风险。最后，开发建设过程也对生态环境造成了破坏。西部地区大规模的基础设施建设、矿产资源开发等，对当地生态环境造成了一定的破坏。

第一节　西部环境污染防治的重要意义

环境污染防治是"十四五"时期乃至 2035 年生态文明建设和生态环境保护的主要目标、重点任务和关键举措。党的二十大把深入推进环境污染防治，作为推动绿色发展，促进人与自然和谐共生的一项重大任务。这是党中央站在全面建成社会主义现代化强国、实现第二个百年奋斗目标的战略高度，聚焦推进美丽中国建设，不断满足人民日益增长的优美生态环境需要，做出的重大决策部署。

当前，我国生态环境保护结构性、根源性、趋势性压力总体上尚未根本缓解，重点区域、重点行业污染问题仍然突出，实现"双碳"目标任务艰巨，生态环境保护任重道远。"十四五"时期，我国生态文明建设进入了以降碳为重点战略方向、推动减污降碳协同增效、促进经济社会发展全面绿色转型、实现生态环境质量改善由量变到质变的关键阶段。这就要求摒弃"就污染论污染""就降碳论降碳"的思维模式，在"深入"上拓展思路，推动环境污染防治。统筹推进做大生态保护的"分母"、减小污染物总量的"分子"，协同推进污染减排和降低碳排，以生态环境高水平保护倒逼经济高质量发展，建立健全绿色低碳循环发展经济体系，从源头上牵引带动经济社会发展全面绿色转型。

加强西部地区环境污染防治是贯彻落实国家西部大开发、可持续发展、区域协调发展、生态文明建设等重大战略部署的重要内容。第一，维护国家生态安全。西部地区是我国重要的生态安全屏障，加强污染防治有利于保护西部地区的生态环境，维护国家生态安全。这是实施西部大开发战略的重要目标。第二，推动西部地区绿色发展。西部地区经济发展方式较为粗放，环境污染和生态破坏问题较为突出。加强污染防治是实现西部地区绿色发展的前提条件，有利于转变经济发展方式，落实可持续发展战略。第三，防范"污染转移"。随着东部地区产业转型升级，一些落后产能可能向西部转移，加强西部地区污染防治可以避免"污染转移"，落实东西部区域协调发展战略。第四，促进区域协调发展。改善西部地区环境质量，保护人民群众健康，维护社会和谐稳定，有利于缩小东西部发展差距，促进区域协调发展，落实区域协调发展战略。第五，推进生态文明建设。加强西部地区污染防治、生态系统保护修复，有利于构建人与自然和谐共生的关系，推进生态文明建设，落实可持续发展战略。

第二节 西部环境污染防治取得的成就

党的十八大以来，我国在环境污染防治方面取得了显著成效。环境治理思路更加科学化，将可持续发展确立为国家战略，污染防治思路由末端治理转向生产全过程控制。法律法规政策体系不断完善，《中华人民共和国大气污染防治法》《中华人民共和国水污染防治法》《中华人民共和国土壤污染防治法》出台，为环境治理提供了有力支撑。大气污染防治取得了明显成效，重点区域主要大气污染物浓度持续下降，空气质量得到改善。水污染防治取得了积极进展，地表水水质优良断面比例提高，江河湖泊面貌实现了根本性改善。固体废物污染得到了有效控制，生活垃圾和工业固废处理处置能力不断增强。生态环境质量持续改善，可再生能源、美丽乡村建设等方面取得了积极进展，为实现可持续发展奠定了坚实的基础。在科技支撑西部环境污染防治方面，积极部署了重大科研项目，加强了战略科技力量，推动了重点领域环境污染的有效治理。

一、组织部署了一批重大科研项目

全面开展了面向大气、水、土壤污染防治的三大攻坚战。在理论方法、成因机理、过程路径等方面解决了一批基础性重大问题。比如，在新污染物治理方面，开展了新污染物环境与健康风险全生命周期阻控等理论方法研究。水体污染控制与治理科技重大专项突破一批技术难题，形成了多项科技成果突破报告。[2]

二、强化战略科技力量支撑

积极推动创建全国重点实验室、工程技术中心等基地平台绩效评估和优化调整，协调推进环境基准与风险评估国家重点实验室、湖泊水污染治理与生态修复技术国家工程实验室重组评估。在解决国家重大需求中克难攻坚，在取得系统性创新成果的同时，也为国家履行《斯德哥尔摩公约》和《关于汞的水俣公约》、解决国际环境争端、维护国家权益提供了重要科学支持。

三、推动重点领域有效治污

以洱海环境污染防治为例，"十一五"和"十二五"期间，国家水体污染控制与治理科技重大专项将洱海治理作为典型示范，"十三五"期间继续统筹推进山水林田湖草综合治理、系统治理、源头治理，推动洱海保护取得阶段性成效。在科技支撑和多方共同的努力下，洱海水生态、水环境持续好转，入湖污染负荷得到明显削减。生态环境部公布的洱海水质评价结果显示，2020~2022 年，洱海水质连续 3 年为"优"，全湖水质实现 8 个月二类，洱海湖体透明度达到近 20 年最高水平。[3]

第三节　西部环境污染防治面临的挑战

我国在大气、水、土壤等多个领域的污染防治工作取得了积极成效，为实现可持续发展奠定了坚实的基础，但在取得成效的同时，也面临迫切的科技需求和严峻挑战。

我国西部地区承载了大部分的资源和能源消耗型产业，水土流失、土地退化、自然灾害频繁、污染物累积叠加等生态问题凸显。在实现"双碳"目标的背景下，西部地区能源产业结构转型势在必行。但新时期也通常会伴随新机遇和新挑战。西部生态屏障建设迫切需要环境污染防治领域的科技支撑，同时面临着一系列的挑战。

一、西部环保科技力量与其战略地位存在结构性矛盾

西部生态屏障在国家生态文明建设、乡村振兴、全面推进美丽中国建设等重大国家战略中都具有十分重要的地位，但相关地区环保科技能力水平与科研力量难以满足国家重大战略布局的需求。各地区间传统及新污染物监测技术水平和管理能力参差不齐，部分行业存在落后产能过剩、绿色贸易壁垒等问题。这些因素均阻碍了减污降碳及新污染物治理能力的整体稳步提升。

二、科技支撑西部生态屏障建设缺乏总体战略布局

支撑西部生态屏障环保科技发展的战略布局不够明确，缺乏顶层设计和长期规划。基础研究投入总量和结构均存在不足，尚未形成适应部分领域成为"领跑者"、进入"无人区"的机制。缺乏将环保科技与西部生态屏障建设相结合的全局规划，存在分散和重复建设的情况，使得环保科技支撑项目缺乏战略性、系统性。以新污染物为例，由于新污染物种类繁多，目前的项目多数针对某一固定种类新污染物进行研究和治理，协同效应不足，导致资源浪费。

三、转型期环境污染问题多元叠加

经济发展高度依赖资源，且生态环境脆弱，面临生态破坏和环境污染的双重压力，特别是在传统污染还没得到有效管控的情况下，新污染物又带来叠加的复合污染的新挑战。工业污染对环境的压力长时间内难以扭转；环境容量低，生态环境极其敏感，一旦造成污染恢复难度极大；地质条件复杂，污染成因溯源困难；新能源产业在其全生命周期过程（包括采矿、组件加工、建设及废弃物回收）中产生的高能耗、多种污染物排放及相关化学品安全所引发的新污染物污染和生态环境影响，必将是未来不可回避的重大科学和社会问题；此外，针对新能源产品"全周期清洁利用"的战略布局，也缺乏长周期的系统性监测。

四、西部生态屏障建设缺乏环保科技人才支撑

国家环保科技人才分布存在区域性的结构矛盾，科技创新的统筹协调不足，科技力量的动员组织机制还需进一步完善，资源配置效率等问题还没有根本解决。部分西部地区在县以下没有设立专门的环境管理机构，导致环境污染防治政策的落实存在一定的滞后性，这影响了政策效果的实现。虽然近年来西部环境问题越来越受到重视，但是西部地区环保科技能力建设水平和科研力量布局远远滞后于其他地区，难以满足国家重大战略布局的需求。2022 年发布的《教育部 财政部 国家发展改革委关于公布第二轮"双一流"建设高校及建设学科名单的通知》中，全国 9 所拥有"环境科学与工程"或"农业资源与环境"双一流学科的高校无一在西部地区。[4]

第四节　西部环境污染防治的关键性科技任务

我国西部生态屏障在涵养水源、防风固沙、水土保持、气候调节等方面发挥着重要作用。然而，西部生态屏障还存在经济发展水平低、人均收入低、城镇化率低等问题，这使得巩固脱贫攻坚成果和乡村振兴任务艰巨。在此背景下，必须充分考虑经济发展和生态效益的平衡，紧扣西部生态屏障建设的作用和效能，因地制宜地推动绿色发展。

一、开展重点领域和关键环节的技术攻关

在新污染物治理、区域大气污染治理、水环境质量改善、土壤与地下水保护修复、固体废物资源化利用、生物多样性与生态安全、环境健康与风险评估、气候变化与协同治理、绿色发展与环境政策综合模拟等领域开发系列污染控制与治理的新标准、新方法、新技术及新装备。紧扣西部生态屏障建设的作用和效能，以搭建污染物监测网络为基础，以科技创新为支撑，精准识别高关注、高产（用）量、高检出率、分散式用途的污染物，编制典型环境污染物排放清单，初步建立与国家一体化的新污染物环境调查监测体系；结合关键影响因素，构建排放趋势预测模型。明晰污染物在大尺度环境中的迁移转化行为和过程；阐明污染物传输过程中主要环境及生物转化产物的精细结构，揭示传输机制。另外，以西部屏障区大气和地表介质、生物和人体污染物浓度数据为基础，解析污染物多尺度跨介质耦合机制、评估区域污染物的环境与健康风险。最终为保障西部生态系统的安全和生态系统服务供给提供重要的科学支撑。

二、因地制宜解决区域突出环境问题

结合环境化学、地球科学、生态学等多学科，围绕我国"生态文明建设与可持续发展"国家战略，科技赋能"美丽中国"、乡村振兴战略及"双碳"目标，重点探究青藏高原、黄土高原、内蒙古高原、云贵川渝、新疆、北方防沙治沙带等生态屏障区脆弱环境质量形成和演变规律及其调控机制与可持续发展途径等关键科学问题。开展新污染物环境调查监测试点，探索多目标跨行业全过程的污染协同防控原理，研究机制与效应、污染监测与预警、治理修复与安全利用等全链条基础理论问题，为西部生态屏障环境污染防治和区域高质量发展提供系统性科技解决方案。

三、研究环境污染过程与演化规律

开展环境－社会复合系统影响下西部生态屏障环境质量演变规律和环境健康驱动机制、基于多因子耦合作用下环境污染可持续性修复机制等基础科学理论研究，探明西部生态屏障社会系统压力、环境系统承载力、利用方向、环境－社会复合系统和谐度调控途径及可持续修复机制；构建基于环境系统－社会系统和谐的区域环境质量理论框架及综合性定量评估与可持续修复理论体系。

四、探索西部生态屏障环境效应、生命健康与调控机理

开展基于过程控制的地表－地下二元地质结构水文地质过程效应与污染控制研究；以区域可持续发展为核心的水－土－气－生－岩－人多

环境系统集成的环境污染可持续治理模式与区域发展效应研究；探索高寒低氧条件下典型污染物在高原生态系统代表性物种体内的累积及代谢规律及环境风险；研究逆温条件下大气污染演变、转化、生成规律，揭示重污染形成机理；开展典型区域 POP 健康风险评估和 POP 源解析及迁移、转化规律研究，阐明污染物对高原人群的健康危害机制。

五、建立基于社会系统 – 环境系统协调的可持续发展技术体系

实现环境系统 – 社会系统变化的动态监测和评估，推动环境质量现场实时在线监测装备及数据分析产品产业化；针对西部生态屏障区重大环境问题需求，形成低成本、易操作、可复制、可推广、可考核的环境污染防治和可持续修复技术方案；建立国家和区域重大环境污染防治工程技术示范区；发展绿色环境可持续修复与山地生态农业、"双碳"产业、生物能源、生态旅游等产业协同发展技术，培育和发展跨环境 – 社会多产业集群技术创新链闭合生态体系。

本章参考文献

[1] 谢绍东.《中国大百科全书》(第二版). https://h.bkzx.cn/item/209000?q=%E7%8E%AF%E5%A2%83%E6%B1%A1%E6%9F%93%E9%98%B2%E6%B2%BB.

[2] 中华人民共和国生态环境部. 生态环境部召开 3 月例行新闻发布会. https://wzq1.mee.gov.cn/ywdt/xwfb/202403/t20240327_1069445.shtml[2024-03-27].

[3] 洱海更清 产业更绿. 人民日报（海外版）. http://paper.people.com.cn/hwbwap/html/2024-01/16/content_26037405.htm[2024-01-16].

[4] 教育部 财政部 国家发展改革委关于公布第二轮"双一流"建设高校及建设学科名单的通知. http://www.moe.gov.cn/srcsite/A22/s7065/202202/t20220211_598710.html[2022-02-11].

第十六章

科技支撑西部水资源综合利用

水资源综合利用涉及综合治理、开发、利用、保护和管理等各种措施，包括通过多功能措施和合理调配水库的流量及水位，以实现水资源的各目标开发利用。[1]水资源是西部生态屏障建设的关键要素，高效的水资源供给和有效的水资源保护是西部社会经济发展和生态屏障建设的重要保障。

第一节　西部水资源综合利用的重要意义

当前，全球水资源综合利用领域科技前沿正从地球系统的整体视角，研究全球气候变化对水资源系统的影响，探索变化环境下水资源可持续利用与全球气候变化应对的长效解决方案提出区域水安全保障策略。在Web of Science数据库中检索2000～2021年国际学术期刊发表的水资源综合利用相关文献并进行计量分析发现，水文模型和模拟技术、气候变化及其影响、水资源管理等是水资源综合利用领域研究长盛不衰的重要关键词，反映了全球水资源综合利用研究的总体状况和趋势。从时序上看，近10年来，水资源综合利用领域对政策、水资源短缺、粮食安全、人类活动、生态系统及多学科交叉研究的关注日益增加，推动了社会水文学和地球系统模型的发展。研究关注的科学问题主要可以归纳为以下几个方面：气候变化和人类活动对水循环的影响；水－生态－社会经济互馈关系和耦合机制；水－能源－粮食－生态协同与可持续发展；水资源高效利用与节水；跨境河流水安全；冰冻圈水循环；空天地一体化水文水资源监测。

由于气候变化和人类活动的影响，我国西部各个生态屏障区域水资源在过去几十年发生了不同程度的变化，总体上呈现出固态水储量减少、液态水储量增加的趋势，各个区域的水资源综合利用研究热点有所差异。青藏高原生态屏障区主要存在冰川退缩、积雪减少、冻土活动层加深或退缩、湖泊扩张、河川径流增大、草场退化等问题，"中华水塔"的保护和跨境河流水安全是该区域水资源研究热点。黄土高原生态屏障区植被恢复加剧了部分区域水资源短缺，并促进了水－沙－生态三者之间耦合作用的研究，这一领域已成为交叉学科研究的前沿。云贵川渝生态屏障区水力资源丰富，同时也是生物多样性热点区域，大型水利工程的生态环境效应及跨境河流水能安全问题是该区域主要研究热点。内蒙古高原地区城镇化和采矿等经济活动迅速发展，水资源短缺和水质污染严重，地下水超采现象普遍，该区域研究重点关注水资源高效利用和节水技术。地表水－地下水联合调控、水资源高效利用和生态用水保障是北方防沙治沙带水资源综合利用研究关注的热点。

针对西部各个生态屏障区水资源研究，中国科学院、科技部、国家自然科学基金委员会等部门先后部署了多个战略性先导科技专项、重大科技专项和众多常规研究项目，水利部在水文服务体系、水文业务体系、水文管理与保障体系等方面有长期部署。这些科技任务的完成取得了丰富的研究成果，补充和完善了区域水资源要素观测网络，加深了对区域水系统和水资源变化的科学认识，部分区域水环境污染防治成效显著，水资源综合利用效率大幅提升，为西部生态屏障建设提供了良好的基础。

第二节　西部水资源综合利用取得的成就

自党的十八大以来，科技在西部水资源综合利用中发挥了关键作用，推动了区域经济的可持续发展和生态环境的显著改善。中央、地方政府或流域机构制定并实施了一系列重要规划，显著提升了水资源的综合管理水平。此外，全面推行了节水技术和措施，提高了水资源综合利用效率。特别是在资源型缺水地区，通过减少耗水和提高单位耗水量产值，显著改善了水资源的利用状况。

一、科技专项部署取得成效

针对西部各个生态屏障区水资源研究，相关部门先后部署了多种科技专项和常规研究项目。这些科技任务的实施取得了一批重要的研究成果，补充和完善了区域水资源要素观测网络，加深了对区域水系统和水资源变化的科学认识。在部分区域，水环境污染防治成效显著、水资源综合利用效率大幅提升，为西部生态屏障建设提供了科学基础。

二、科技创新驱动效果明显

相关部门遴选发布了 160 项国家成熟适用节水技术，公布了 219 项工业节水工艺、技术和装备，全社会水资源综合利用效率、效益持续提升。2022 年，我国万元 GDP 用水量和万元工业增加值用水量比 2012 年分别下降了 46.5% 和 60.4%。[2]

三、生态补偿机制有效实施运行

截至 2023 年底，全国有 21 个省（自治区、直辖市）的 21 个流域（河段）签订了跨省流域上下游横向生态保护补偿协议，建立了流域环境共治、保护责任共担、生态效益共享的流域保护和治理长效机制，初步形成了流域大保护格局。[3]

第三节　西部水资源综合利用面临的挑战

气候变化和人类活动使得我国西部水循环发生了巨大变化，水文系统非稳态特征凸显，稳定性下降，水资源供给保障难度加大，地下水位持续下降。因此，西部社会经济发展和生态屏障建设的水资源供给保障将面临更大的挑战。同时，西部的国际跨境河流开发利用与保护矛盾众多，跨境水资源合理分配与利益共享模式尚未建立，对我国与中亚国家和东南亚国家外交关系产生了一定影响，同时也对我国跨境水安全与国家水权益保障提出了挑战。

一、科技支撑水资源综合利用的基础性研究不足

对水－社会经济－生态系统相互作用和耦合机制还不十分清楚，在地表水－土壤水－地下水－水沙等演变及联合调控方面的研究不足；在生态水文学方面的研究不够深入和充分，对宏观规律和微观机理的认识仍然有限，对宏观尺度上水与植被构建的格局关系和差异性尚不清楚，对水生态和水环境的关注不够。

二、跨境河流水资源保护与利用研究相对滞后

对国际河流境外水资源及其利用状况掌握了解不深，对国际河流水资源的全面评估的研究相对滞后，国际河流水资源综合利用研究在国际上的影响力亟待提高。以青藏高原为例，目前对青藏高原地区跨境河流

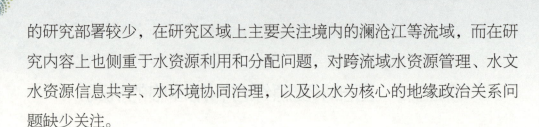

的研究部署较少，在研究区域上主要关注境内的澜沧江等流域，而在研究内容上也侧重于水资源利用和分配问题，对跨流域水资源管理、水文水资源信息共享、水环境协同治理，以及以水为核心的地缘政治关系问题缺少关注。

三、水文水资源监测网络不健全

目前，在监测预报中高新技术利用不够，监测网络还不完善。高原地区水文水资源监测台站稀少，且来源复杂，国家站和地方站共存。不同台站之间缺少有效的沟通机制和数据共享机制，监测规范和监测项目存在不同之处，导致不同台站获得的监测资料在完整性、均一性和连续性等方面较差，不利于大区域水文水资源的对比分析，更不利于科研项目价值的发挥。在研究区域的覆盖上，已有部署也主要关注三江源地区、雅鲁藏布江流域、黑河流域、澜沧江流域，而关于羌塘地区、柴达木盆地等青藏高原西北部地区水资源保护与利用方面的项目部署较少，相关监测站点也较少。

四、从事水文和水资源研究的青年人才骨干储备不足

水资源综合利用涉及工程、地理、环境、管理等多个领域，需要跨领域的复合型人才，特别是对于高新技术的利用和掌握尤为急需。水资源综合利用作为传统行业，对于青年人才骨干的吸引力不足，加剧了青年人才短缺的问题。

第四节　西部水资源综合利用的关键性科技任务

《2021 年联合国世界水发展报告》和《联合国 2030 年可持续发展议程》中明确指出正确认识水资源价值、提高水资源综合利用效率对保障生态脆弱区和贫困区域水资源安全、实现联合国可持续发展目标的重要性。在我国新时代生态文明建设和实现"双碳"目标的大背景下，山水林田湖草沙冰统筹治理和"节水优先、空间均衡、系统治理、两手发力"的治水思路是水资源综合利用支撑西部生态屏障建设的新要求和新使命。为支撑西部生态屏障建设，实现绿色高质量发展目标，亟须加深对水 – 社会经济 – 生态系统相互作用和耦合机制的认识，优化区域和流域水资源综合利用与生态保护调控措施。需要在已有成果基础上，面向水资源综合利用领域科技支撑中国西部生态屏障建设重大需求，加强相关科研任务布局和人才培养，加快推进水综合科学观测网络平台建设，加大对水 – 经济社会 – 生态保护耦合系统的综合研究，构建人水和谐的生态系统，为水安全保障与水生态文明建设提供支撑。

按照"节水优先、空间均衡、系统治理、两手发力"的治水思路，紧密围绕国家西部生态屏障建设重大需求和水文水资源国际科技发展前沿，以山水林田湖草沙冰一体化保护和系统治理理念为指导，统筹推进生态保护修复、水资源节约与优化配置、水灾害防治、水环境治理的科技创新，全面提升西部水资源综合利用、保护和管理能力，突破数字化、网络化和智能化等一批现代水文水资源关键技术，建设空天地一体化监测预警平台和精准化决策模拟器，培育西部水文水资源人才高地，构建西部水生态和水安全保障体系，引领国际生态脆弱区水资源研究领域创新发展。

一、山水林田湖草沙冰统筹下的水资源权衡

山水林田湖草沙冰等要素组成的有机统一体是社会发展的环境和物质基础，对地球系统的生态安全有着直接影响，水循环则是串联这些要素的核心。当前对于单一要素的科学研究已有大量成果，然而对于各要素间的互馈影响机理尚缺乏深入认识，难以实现高精度的综合系统模拟与决策支持。由于特殊的自然地理条件，西部生态屏障各类自然资源要素共存，是进行山水林田湖草沙冰系统耦合机理研究和综合治理的天然实验场。因此，揭示气候变化背景下西部地区山水林田湖草沙冰系统各要素的关联机制，并以水资源承载力为约束条件，提出整体性、一体化的生态保护和修复方案，对于我国整个西部生态屏障建设具有重要意义。建议重点布局水文水资源对生态系统各要素的影响机制、山水林田湖草沙冰一体化保护和系统治理的水文水资源效应、山水林田湖草沙冰的水系统过程模拟、山水林田湖草沙冰系统对管理措施的响应及其演变机制、山水林田湖草沙冰系统综合治理的理论方法和技术体系等方面的研究任务。

二、跨境流域水资源可持续利用

跨境河流往往是水冲突事件的焦点。澜沧江—湄公河、怒江—萨尔温江、雅鲁藏布江—布拉马普特拉河、额尔齐斯河、伊犁河、乌伦古河等亚洲大陆的主要国际大河都发源于我国西部生态屏障区，特殊的区位使得我国成为亚洲乃至全球最重要的上游水道国之一，也因此面临复杂的跨境水资源分配和开发利用问题。跨境河流贯穿了"一带一路"建设的大部分重点区域，区域水安全和水资源的科学分配对绿色"一带一路"

建设具有重要的现实意义。在全球性水资源短缺和跨境水冲突问题日益突出的背景下，跨境流域水资源的合理分配利用与复杂的地缘政治、区域经济交互影响，日益受到国际社会的普遍关注。建议重点在跨境河流上下游水文过程的关联机制、跨境河流全流域水循环过程综合集成模型、流域跨境水情监测预报及水灾害防范、跨境流域水资源系统恢复力和风险评估、全球气候变化背景下跨境河流水资源精准评估与配置技术、跨境河流水安全保障机制与应对措施等方面部署研究任务。

三、地表水 – 地下水 – 生态系统互馈机制与安全保障技术

西部生态屏障地貌类型丰富，地形和生态系统多样，地表水和地下水相互作用规律复杂，对生态系统的演变有重要影响。深入理解地表水 – 地下水 – 生态系统互馈机制，对认识西部生态屏障水循环演变、制定高效水资源利用方案，以及保障水资源和生态安全具有重大战略意义。目前有关西部生态屏障地表水 – 地下水 – 生态耦合作用和水生态健康保障技术等方面的研究还很少见。因此，瞄准国际水科学研究前沿，聚焦国家重大战略，建议重点在地表水 – 地下水 – 生态 – 泥沙互馈过程与机制、区域性水库群调控和生态流量保障技术、地表水 – 土壤水 – 地下水 – 生态系统耦合模型、水生态安全阈值与保护技术、保障生态安全的地表水 – 地下水联合调控等方面部署研究任务。

四、西部生态屏障水 – 生态系统 – 社会经济相互协调发展问题

西部生态屏障区大部分属于生态脆弱区和经济欠发达区，经济社会发展与生态环境保护之间存在较为突出的矛盾。近几十年来，一方面，区域内的气候、植被覆盖、水循环和水资源发生了显著变化，降水量呈

微弱上升趋势，但区域间差异显著，气候整体趋向"暖干化"，仅局部地区呈现"暖湿化"态势；另一方面，人类活动和社会经济发展，尤其是农业用水大量挤占生态用水，导致西北内陆河下游断流、部分区域生态景观退变，制约了当地社会经济的进一步发展。西部相当部分地区（如内蒙古高原、黄土高原）可利用水资源匮乏，呈现出降水分配不均、季节性缺水严重，水土流失严重、林草植被恢复难度大，以及水分垂直梯度差异明显等特点。由高山冰雪—山地涵养林—戈壁绿洲—河流尾闾湖泊所构成的西部生态屏障典型生态系统的平衡状态已遭到不同程度的破坏。评估不同气候条件下水资源演变、生态系统变化和社会经济发展需水量，确定水资源对维持生态系统和社会经济发展的承载能力，是水–生态系统–社会经济协调发展战略科学问题的核心。因此，应深入理解西部生态屏障气候、生态系统变化、水资源时空演变特征和机理，重点明确气候变化和人类活动对生态水文和水资源的影响，揭示人类活动和社会经济不同发展模式下生态景观和水文过程相互影响机制，发展水–生态系统–社会经济耦合模型，提出水–生态系统–社会经济协同管理与调控理论和技术。

五、水资源高效利用与节水技术

受社会经济发展和全球气候变化的影响，水资源安全已经成为我国西部地区可持续发展的瓶颈，高效合理利用水资源成为区域可持续发展和生态文明建设的重要内容。西部地区拥有多条外流跨境河流，也是我国众多大江大河的发源地，因此该区域同时兼具上下游、国内外的复杂利用问题。西部生态屏障既有构筑国家生态安全屏障的战略需求，又有谋求经济社会内在发展的实际需要，因此该区域水资源供需存在多样性特点。西部生态屏障存在水资源粗放利用和浪费严重等问题，其万元国内生产总值用水量和耕地灌溉亩均用水量均低于全国平均水平。开展西部生态屏障水资源高效利用与节水技术研究具有重要的区位战略研究意义，对推动西部地区经济社会可持续发展和生态文明建设有重要作用，对提升我国水资源优化配置和粮食安全体系建设能力有重大现实意义。因此，在贯彻落实创新、协调、绿色、开放、共享的新发展理念和"节水优先、空间均衡、系统治理、两手发力"新时期治水思路的基础上，要着力提高水资源利用效率和效益，发挥多学科交叉优势，重点发展灌溉农业节水优化技术，开展跨区域多部门综合节水技术集成研究，发展非常规水资源开发利用方法与技术。

六、跨流域调水与水资源优化配置

西部生态屏障的水资源、自然环境、生态系统等具有强烈的区域分异特征，水资源分布与经济社会发展、生态建设布局不协调，生态环境脆弱。西部内陆河流域水资源总量不足，加之结构性、工程性、水质性、季节性缺水交织，流域水资源配置不够科学合理，使得水资源问题尤为突出。在气候变化与强人类活动的影响下，开展跨流域调水及其优化配置特别是"南水北调"西线工程和水资源配置研究十分必要和迫切。跨流域调水可以为生态脆弱地区提供水资源，可以有效地遏制土地沙漠化，恢复并建立新的生态系统，大大提高西部地区的环境容量及承载力，极大地改善西部地区的生态环境。按照"生态优先、生态保护"的理念，结合西部生态屏障建设的新形势和新战略，建议重点布局变化环境下供水区与受水区的水资源供需平衡、跨流域调水的生态环境效应、跨流域调水的优化配置，以及跨流域调蓄洪水协同生态建设优化配置等方面研究任务。

本章参考文献

[1] 周维博 . 水资源综合利用 . 北京：中国水利水电出版社，2013.

[2] 王凯博，陈烨炜 . 水利部发布节水新成果 我国水资源利用效率、效益持续提升 . https://content-static.cctvnews.cctv.com/snow-book/index.html?toc_style_id=feeds_default&share_to=wechat&item_id=15977512397565272092&track_id=384A52E5-8971-431D-89E1-7B1375203DAF_722050571768[2023-11-19].

[3] 陈强，董姣，赵少延，等 . 我国水污染防治资金项目成效、管理经验与优化实施建议 . 环境工程技术学报，2024，14（2）：672-680.